U0010362

心理マーケティング 100 の法則

頂尖業務員
必備法則

100 個影響顧客潛意識
的心理溝通技巧

酒井利夫 —— 著

謝如欣 —— 譯

晨星出版

前言
　　——只要了解人類的心理，就知道怎麼做生意

如果說，無論你推出哪種商品或服務，在販售時都有個共通點，你認為會是什麼？

那就是……顧客都是人。

人類透過內心判斷自己的好惡，決定要不要購買。至於購買的理由，都是買完後才用頭腦去想。

所以，只要先了解人類的內心，再來進行販售、廣告和促銷，無論你是在哪個行業和類別，都能以幾乎零成本的方式，讓來客數和銷售額提高。

舉個例子，每年我都會接到來自日本各地，總數超過一百場的演講邀約。在演講開始前，司儀都會用以下的開場白介紹我：

今天我們請來一位非常優秀的講師。
他就是精通商業心理學，每年接到的演講邀約超過一百場，範圍遍及北海道到九州的人氣講師——酒井利夫先生。
酒井先生於一九六二年四月生於新潟縣，生肖屬虎，血型B型。從立教大學社會系畢業後，就進入廣告公司工作。二十八歲在東京都新宿區獨立開業，前後陸續做過廣告製作、

模特兒派遣、攝影指導、創意商品銷售、角色商品銷售、露天攤商、電腦家教派遣事業、電腦教室、網路購物、顧問事業等等，創業經歷十分豐富。

出版書籍在世界最大的亞馬遜書店行銷類中排行第一，也是上過雜誌《PRESIDENT》和富士電視台的《獨家新聞》的人氣講師。

由於時間寶貴，我現在馬上把麥克風交給酒井先生。接下來就有勞您了。

聽完這段介紹後，你不會覺得這位講師很厲害嗎？

這段講師介紹文，其實是我參考人類的心理，自己寫出來的。我每次都會把介紹文交給演講會場的司儀，請他幫忙念。

這是利用心理學上的「初始效應」，也就是我想透過第一印象容易留存記憶的特性，從演講一開始就引起聽眾的興趣。如果沒事先給介紹文，一般人大都用以下的方式介紹：

今天的講師是酒井利夫先生。關於他的個人檔案，請各位參閱手上的資料。由於時間寶貴，我現在馬上把麥克風交給酒井先生。接下來就有勞您了。

跟前面的介紹文相比，你會想聽哪個講師的演講？

我想應該是前者吧。做生意也一樣，要從一開始就牢牢抓住客戶的心，引起他們的興趣和關注，之後要推銷要洽談才會順利。

其實在這段介紹文裡，處處都能發現效果顯著的商業心理

學技巧。

　　首先是「初始效應」。人類接收資訊時，一開始的部分最容易留在記憶中，這在心理學上稱為「初始效應」。

　　所以，如果開頭就介紹「**今天請來了一位非常優秀的講師**」，聽眾便會留下深刻的印象。

　　其次是「數字的效果」。

　　「**每年接到演講邀約超過一百場的人氣講師**」，正好利用人類容易對數字產生興趣的特性。

　　舉例來說，跟「深受歡迎的暢銷餅乾」相比，「每十六秒就賣掉一盒的暢銷餅乾」聽起來應該更有真實感，更能激發你的興趣吧。

　　還有是「類似性」。

　　「**於一九六二年四月生於新潟縣，生肖屬虎，血型Ｂ型。畢業於立教大學……**」的部分，可以誘導聽眾找出和自己相似的點。因為人類對於跟自己有共通點的人，容易產生好感。

　　再來是「限定條件下的事實」。

　　「**出版書籍在世界最大的亞馬遜書店行銷類中排行第一……**」的部分，是運用心理學的「限定條件下的事實」（在56頁有解說）。

　　除此之外，「**有上過雜誌《PRESIDENT》和富士電視**

台的《獨家新聞》的人氣講師」的部分，也是用到了「權威效應」（在50頁有解說）。

這些心理技巧藏在介紹文的各個角落，會在短時間內引起聽眾的興趣和關注，對我產生的信任，讓我可以一口氣進入正題。

而且在活動開始前，我會提早進會場，和主辦者交換名片，握手寒暄。

當主辦方帶我參觀會場時，如果場地狹小，我會說：「這場地小而美，可以近距離交流。」

如果場地廣大，我會說：「這場地真寬敞，交流的氣氛一定很活潑。」這些話也都用了心理學的技巧。

在演講開始前，我會先和參加者閒聊，尋找彼此的共通點和相似處。等到快開始時，我會刻意多上幾次講台，這樣心理學的「單純曝光效應」（在107頁會提到）就會發揮作用，提高聽眾對講師的好感。

此外，當現場氣氛有些嚴肅時，可以投放有嬰兒笑容的照片。還有上台時要從觀眾席左側登場，講完後從右側退場。

不過，配合人類的心理，調整用字遣詞和訴求方式的技巧，除了我這樣的講師外，對各行各業的生意人和創業者也很有幫助，而且在客服、販售、廣告、行銷、溝通上，都能發揮極大的功效。

只要是做生意，都有一個共通點。

那就是⋯⋯顧客都是人。

人類透過內心判斷自己的好惡，決定要不要購買。

所以，我會以人類的心理為基礎，配合一些事例，為各位介紹一百個能立刻運用在商場上的心理學技巧。希望各位能實際運用在業務上，親身體會這些效果。

另外在本書的最後，我也準備特別的禮物，幫助大家提昇來客數和銷售額，請各位務必善加利用。

二〇一八年三月

酒井利夫

第 1 章　馬上見效的 行銷技巧

第2章 讓客人心動的廣告文宣技巧

第 **3** 章　**增加好感，
提升印象的商場溝通術**

第 **4** 章　讓自己更有自信的簡報和交涉技巧

第 **1** 章

馬上見效的行銷技巧

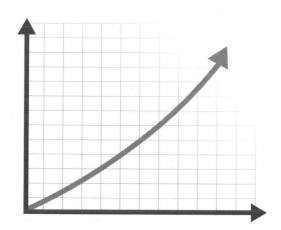

強調風險的促銷法

比起獲得，
損失更能增強購買行為

假設你在為彩券想廣告文案。

把「**你一定也能中獎**」稍微改一下，銷售額就能大幅提升。

至於怎麼改，就是改成「**你可能已經中獎了**」。（出處：《看穿人心的問話術：用對七大技巧，立刻看穿任何人！》大衛・李伯曼著、郭思妤譯、如果出版社）

關於這一點，我們可以用以下的人類心理作解釋：

人類會追求利益和快樂，避免損失和不快，但後者帶來的動力，卻比前者更大。

「想要變幸福」、「想得到那個」、「想保持健康」的人雖然多，卻很少有人會立刻採取具體的實際行動。

相對地，人類如果害怕「這樣下去會不幸」、「會失去那個」、「會有生病的風險」，就會立即採取行動，設法避免那些損失和痛苦。

開頭提到的「你一定也能中獎」，是暗示你可能會得到幸福，也就是要你追求利益和快樂。但另一方面，「你可能已經中獎了」，是暗示你有中獎的機會，代表你有可能會失去這個機會和權利。因此你感覺到「損失風險」後，就容易採取行動。

　　即使是這種語意上的細微差別，還是能改變人類的行動。

　　所以說，如果你想在進行交涉或簡報時影響對方，與其強調「只要得到這個，就會有這種益處」，還不如強調「如果不得到這個，就會有這種損失」。以「損失」為訴求，效果會更好。

　　另外，與其強調「如果導入本公司的系統，每月能省下○○元的開銷」，還不如強調「如果不導入這個系統，貴公司以後每月將平均損失○○元」，不然你也可以把得失列在一起，改成「如果導入本公司的系統，每月能省下○○元的開銷，但如果維持現狀，貴公司以後每月將平均損失○○元」。

　　人類對於失去，比獲得更敏感。

人類的心理

　　比起未來會得到的事物，人類對「失去」現在擁有的事物更在乎，產生的動機也更強烈。

具體的行動

　　進行交涉或簡報的時候，可以試著訴求「一旦放過這次機會，就會錯失良機」，而不是一昧地強調好處。

用贈品的魅力刺激購買的方法

如果附上贈品，
商品本身會更顯魅力

電視購物用來刺激購買慾的其中一個辦法，就是附帶贈品。

例如賣筆記型電腦的時候，不只會附送多功能事務機，搭配USB傳輸線，甚至還有電腦教材免費送，利息手續費由賣方全額負擔等等，總之每次都一定會有贈品。

為什麼要附贈品？就是希望你買。雖然商品本身就很有魅力，但附上贈品的話，看起來會更有魅力。

其實提出請求時，附帶贈品是一個很好用的技巧，尤其在提出請求或介紹商品後登場，效果會更佳。

比如「有事要拜託你，只要答應的話，我會多送你這個和這個」，還有電視購物的「今天要介紹的商品，是這台筆記型電腦。只要在今天內購買，不但會附送多功能事務機，還能免費獲得這本電腦教學書！」等等，都是在提出請求或介紹商品後才加贈。從人類的心理來考量，這樣的順序的確是正確的。

這個心理學理論，被稱為「That's Not All」。

That's Not All……意思是「不只如此！」。讓贈品一個個接連登場，會讓那項商品或服務看起來更有魅力。

　　有些商品的特色很難說明，有些服務除非使用，不然很難感受品質，也有些商品很難做出市場區隔，但只要多了贈品，這些商品或服務的附加價值和魅力就會提升。

　　如果有公司或店鋪遇到「自家的商品隨處可見，很難做出市場區隔」的情形，可以檢視一下，看能不能為自家商品或服務加上贈品。

　　在販售差異性不太的商品時，不妨考慮添加一些特殊贈品或額外服務。

　　只是必須注意的是，萬一贈品不夠精緻，品質低劣，「**聯結原則**」就會發揮作用，讓其中一方的形象影響另一方，讓商品本身的魅力也跟著下降。

人類的心理

　　如果在提出請求或介紹商品後，附上免費贈品或特殊贈品，說服力會更高。

具體的行動

　　在販售差異性不大的商品時，可以考慮附上吸引人的特殊贈品，或是額外服務。

用免費服務吸客，
更容易促進消費

　　為什麼人類在免費時容易行動，要收費時就作罷？

　　這是因為標上價格後，人類就會思考：「這東西真的值這個價錢嗎？」

　　如果標上價格，「行動」前就會多一道「思考和選擇」的程序。

　　但如果是免費，就會有很多人不去多想而選擇「先試試看再說」。

　　所以用「免費贈送」、「免費○○」、「免費試用品」進行促銷，才能廣泛地吸引潛在顧客。

　　由此可知，我們可以利用收費尋找「購買者」，利用免費大範圍搜索「潛在顧客」。很多人會覺得「免費→收費」的過程「很麻煩」、「很費事」，但我認為這種手法放在每個行業都有效。尤其對不善推銷或跑業務的人來說，這是最適合的方式。

比如說……

化妝課免費，化妝用品要收費。

企劃和製作免費，印刷要收費。

蓋網站免費，用伺服器要收費。

行動裝置免費，通訊要收費。

課程免費，服裝道具要收費。

飲料免費，餐點要收費。

經營講座免費，但每個月要繳顧問費。

保養維修免費，車檢要收費。

入場免費，玩遊樂設施要收費。

食譜免費，烹飪器具要收費。

無論哪個行業，都能組出免費搭配收費的方案。

那麼在你的公司或店舖裡，是否也能利用兩種模式的組合做出市場區隔，和同業競爭呢？

人類的心理

如果免費提供某種事物，就能省去「思考和選擇」的步驟，「先試試看再說」的人也會增多。

具體的行動

可以先以免費策略廣泛吸引潛在顧客，再設計商品或服務的組合，誘導顧客消費。

如果先答應小請求，下個請求也會答應

在推銷員的初級推銷技巧中，有一招叫「Foot In The Door（得寸進尺）」，其原理是「與其一開始就提出大請求，不如先得到小承諾，之後再提出大請求，這樣人類會更容易接受」。

雖然最終目的是希望對方答應「大」請求，但如果一開始就提出「大」的，遭到拒絕的機率會很高，所以最好依照「小請求」→「中請求」→「大請求」的順序拜託對方。

「Foot In The Door」就字面上看，是先讓「腳」進到門內。當推銷員按電鈴，屋內有人來應門時，推銷員首先要做的，就是把腳（＝答應小事）卡進門縫。

以前，報紙裡有夾過美容沙龍的折價券。如果使用折價券，平常定價2,599元的除毛療程就能減兩千，只需要付剩下的599元。這就相當於「Foot In The Door」的「腳」。拿折價券來店裡消費的人之中，可能會有人進一步做全身除毛或瘦身療程（＝「中請求」→「大請求」）。

擺在零售商店前的打折商品、特價商品或便宜的小物品，

也是「Foot In The Door」的「腳」。店家會用這些打折商品、特價商品或便宜小物品吸引客人駐足，再透過動線誘導顧客去店內的高價商品區。

　　擺在遊戲中心入口，玩一次10元的機台區，以及手機遊戲的一開始免費，其實也都是「腳」。

　　還有顧問舉辦便宜的講座，也是為了之後能簽下顧問合約，一樣是「Foot In The Door」的「腳」。

人類的心理

　　與其一開始就提出大請求，不如先得到小承諾，之後再提出大請求，這樣人類會更容易接受。

具體的行動

　　先準備能得到小承諾的商品或服務，再想出一套能分階段推銷的流程。

如果有三個選項，通常會選中間

　　假設你在午餐時間走進義大利餐廳，看到菜單上有以下兩種套餐：

　　⑴ 當日義大利麵＋沙拉＋咖啡　170元
　　⑵ 當日義大利麵＋沙拉＋咖啡＋甜點　220元

　　就這菜單來看，點170元套餐的人會比較多。那要怎麼做，才能提高220元套餐的點餐率呢？
　　答案是……再多一個選項。

　　比如，增加290元的套餐。
　　如果在170元和220元之中二選一，由於前者明顯比較便宜，以午餐來說一般都是點170元套餐居多。
　　⑴ 當日義大利麵+沙拉＋咖啡　170元
　　⑵ 當日義大利麵＋沙拉＋咖啡＋甜點　220元
　　⑶ 當日義大利麵＋迷你披薩＋沙拉＋咖啡＋甜點　290元

　　不過，要是變成在170元、220元、290元之中三選一，220元相較之下也算便宜，這樣就會有人點了。

　　另外，如果價錢比基準價格貴或便宜超過兩成，就會感覺「好貴」或「好便宜」，所以要是希望220元套餐成為最暢銷，就把最便宜的套餐訂在八折以內的180元。這種「故意定客人不覺得相對划算的價格」，也是很有效的。

　　雖然制定價格的基準百百種，要決定並不容易，但只要先了解這些原理，就能帶點玩心來測試怎麼訂價最適合。

人類的心理

　　如果是二選一，人類就能輕鬆比較價格，容易選擇較便宜的選項。如果變成三選一，就容易挑中間的選項。

具體的行動

　　當商品或服務有兩種價格帶時，要是想讓價格較高的一方銷量增加，可以再設定更高價的方案，變成三種價格帶。

一旦擁有過，就會產生感情

不論是衣服、包包、首飾或書本，在二手轉賣時都需要經過鑑定。相信大家應該都經常聽到，有人對收購價很低而大失所望的例子吧。

這是因為人類容易認定，自己擁有的東西都很有價值。這在心理學上被稱為「稟賦效應」。

透過試穿、試乘、試用等方式，能實際接觸到商品或服務，對消費者來說非常方便。可是，「當人類曾經擁有、穿戴、試穿、試乘或模擬測試後，就會對該物產生感情，覺得有價值」，就是稟賦效應在潛意識中運作的結果，所以會成為行銷手段也是有道理的。

在問世超過八十年，內容關於廣告手法的《科學的廣告（暫譯，原標題：Scientific Advertising）》（克勞德‧霍普金斯著）一書中，也曾提到這樣的內容：

「某家企業為了宣傳電動縫紉機而傷透腦筋。後來這家企業得到很好的建議，決定不再強迫別人購買。他們提出取代的新方案，就是只要有人想使用看看，他們就從最近的銷售處送機器過去，讓對方免費用一週，還會另外派解說員去收到縫紉

機的家庭，教導如何操作。（中略）經試用後，每十戶中會有九戶購買。」

無論是八十年前還是現在，人類從曾經擁有的商品中找出價值，並產生感情的特性依然不變。由此可知，稟賦效應就是人類心理的原則。

還有一間位於東北地區，以前上過電視的小家電行，也是很好的例子。這是一間很優質的家電行，賣出的大型電視數量，甚至比附近的量販店還多。這家店也是透過讓顧客「先擁有」來銷售大電視。

至於具體的作法，就是以模擬測試為由，在一定期限內把大電視免費租給想試用的家庭，而且還會到府安裝。據說那些家庭後來買下電視的機率很高。

透過試用引發的稟賦效應，雖然不代表所有人都會「產生感情，覺得有價值」，但效果依然值得期待。

人類的心理
人類對自己擁有的事物，會感覺到高度的價值，開始產生感情。

具體的行動
做生意時不要急著「賣」，一開始先以「請試用」為目標，和客人進行接觸。

就算總價很高，只要以單價表示，感覺就變便宜

在超市的生鮮食品區裡，你看到雞肉的POP標籤寫著「100克30元」，感覺很「划算」，於是就買了300克，付了90元。

當你邊開車邊聽廣播時，出現一則購物廣告。

「在實體店售價不低於三萬，令主婦嚮往的高級吸塵器，現在下訂只要19,400元。不到兩萬的破盤價，讓您現省一萬。三十三期無息分期付款，不收手續費，每月只需付588元，就能輕鬆擁有。請現在立即撥打免費專線電話02-＊＊＊……」

「一個月只要588元嗎！真便宜。」你沒有多想，就對這便宜的價格感到認同。

價格隨著使用的單位不同，給人的印象也會改變。

所以，當你販售的商品或服務總價很高時，可以照下面的方式，用不同的單位表示金額，或是用小單位小金額來說明，這樣顧客就會感覺相對變便宜。

「父親身為一家之主，如果有一天倒下了，家人要何去何從？每天只要75元，相當於一杯咖啡的錢。這麼想就會覺得真划算。用一天一杯咖啡的錢，就能給您的家人安心的保障。」

假如這是壽險的保費，一天75元×30天×12月×30年，等於是總額超過80萬的商品。

如果用「繳交30年，總額約80萬，就能給您的家人安心的保障」來說明，決定是需要勇氣的，但要是換成一天75元，價格的門檻就會頓時降低。

「連兒子、孫子都能用，用上一百年也不成問題。」
「想到接下來能穿上十年，不覺得很划算嗎？」
「人生不過八十寒暑。想到能成為一生的回憶，就會覺得這次買到賺到。」

人類看到「總額」時會覺得「貴」，但要是金錢或時間的單位一換，印象也會跟著改變。

人類的心理
即使是高價的商品，只要用最小的單位表示，感覺就會相對便宜。

具體的行動
試著把你的商品或服務的價格，以一天，一克，一單位來分割計算，再拿算出的金額給顧客看。

總有一群人會認為
貴等於好

　　我家這裡有間義大利麵餐廳，午間套餐賣325元。以一個地方都市來說，這個價格挺高的。那間店還有期間限定的特別套餐，賣540元。以下就是我在那間店裡遇到的事。

　　起初我以為訂這種價格，應該會乏人問津。後來有四位年約五十，像是剛上完課回來的女性入座，開始討論要吃什麼。當其中一人點了540元的套餐後，其他三人竟然也點了相同的餐點。

　　就在這時，我想起一個行銷的鐵則：

「一定要準備高價的品項，因為會有一定比例的人購買。」

　　人類下判斷時有個習性，就是容易透過簡化的過程得出結論。

　　這個簡便的判斷法，稱為**「捷思法（Heuristic）」**。不論在哪種市場上，總是有人願意出高價購買。當這種人一消費，就會拉抬整體的客單價。

　　所以，如果是能和朋友一起光顧的店，只要其中一人點了高價餐點，就會產生**「從眾效應」**，出現追隨者，這樣也能提高客單價。

　　我本身也有跟高價的午間套餐相同的經驗。以前在網路販賣解說行銷基本概念的DVD時，我不只單賣，也有準備高價的套組。當時確實也有一定比例的顧客會購買套組。

　　像這種以為「價格這麼高，八成賣不出去」，結果卻意外只有自己這麼想的例子，其實相當常見。

　　不過這裡要注意一點，就是商品有沒有提高單價的價值。客人肯付錢，是因為覺得這個價格有那種價值。如果是為了湊數才準備高價商品，只會讓客人大喊「好貴！」，反而會被勸退。

人類的心理

　　不管在哪種市場，都有一定比例的人會認為價格貴就是品質好。

具體的行動

　　除了一般價格的商品外，也可以試著設定附加價值更高，價格也更昂貴的品項或菜單。

決定要買的瞬間，
荷包最容易失血

　　有次搭特快車時，遇到一位用推車販賣商品，給人的印象十分良好的女性。

　　當時我想喝咖啡，就叫住那位女性販售員，表示我要一杯熱咖啡。

　　那位女士先是笑咪咪地說：「謝謝您的購買！一杯熱咖啡對吧？」接著又拿出大杯子和較小的杯子問：「有划算的大杯和普通杯兩種，請問您要哪一種？」

　　我看著那兩個杯子，被「划算」這個字眼吸引，就點了大杯。

　　推銷比客人要的更貴的商品，叫做「追加銷售 (Up-Selling)」，是提高客單價的方法之一。

　　她把咖啡倒入杯中後，一邊叮嚀咖啡很燙，要我小心，一邊把杯子放到桌上。

　　我正要付錢時，她又巧妙地抓準時機推銷甜點，問我要不要順便買個剛出爐的美味磅蛋糕。

　　因為對她的談吐很有好感，我就順便買了磅蛋糕。

一個人在決定買東西前，絕不會輕易打開荷包，而荷包最容易失血的瞬間，就是決定要買的時候。

所以當顧客決定要買，準備付錢的那一刻，就是把對方的客單價再提高的最佳時機。

比如那位車廂販售員，就是趁我要買咖啡的那一刻，順便推銷磅蛋糕。這叫做「**交叉銷售（Cross-Selling）**」。它和追加銷售一樣，也是提高客單價的方法之一。

人類的心理

荷包最容易失血的時候，就是決定要買的那一刻。

具體的行動

事先準備用來追加銷售、交叉銷售的商品或服務，等客人決定要買時再進一步推銷。

準備對照的方案，就能輕易導向想要的結果

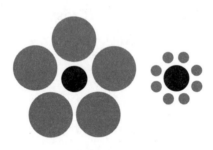

　　圖中的兩個黑圓，其實畫得一樣大，但右邊的黑圓看起來卻比較大。這是因為黑圓和四周的灰圓相較之下產生的錯覺。

　　黑圓的「絕對」大小明明一樣，「相對」大小卻看似不同。由此可知，人類容易做出「相對判斷」，而不是「絕對判斷」。

　　再來是第二個問題。如果是你，會買哪一種？
　　⑴ 讓每月銷售額增加百萬的經營策略書籍（750元）
　　⑵ 讓每月銷售額增加百萬的經營策略DVD（4,300元）
　　選⑴的人應該比較多吧。這是因為在比較過750元和4,300元後，很多人都會選擇較便宜的一方。

那麼，如果增加選項，結果又會如何？

⑶ 讓每月銷售額增加百萬的經營策略書籍＋DVD套組（4,300元）

這一次和剛才相比，選擇買⑶的人變多了。原因就如前面所說的，人類容易「憑著相對判斷，而非絕對判斷來選擇」。

對於還沒買的書籍和DVD，我們無從得知絕對的價值是多少，所以當選項只有⑴和⑵時，很多人往往都會選擇相對便宜的⑴。

不過，當選項⑶出現後，客人就能對⑵和⑶進行相對的比較。用⑵和⑶比較後，⑶明顯占了優勢。因為選⑶的話，就能用和⑵一樣的價格同時得到書和DVD。

只要像這樣增加一個選項，讓顧客做相對的比較，就能輕易地提高客單價。

如果以實際的商業活動來想，當你向客戶提企劃或報價時，如果只想提供兩種選擇，就要準備金額比預定的Ａ案更高的Ｂ案。如果你想讓高額的報價通過，就再準備有額外服務或特別贈品的Ｃ案，方便顧客對兩個高額報價進行比較。

人類的心理

人類不擅長絕對比較，比較常做相對比較。

具體的行動

向客戶提出企劃案、報價單、品項表時，最好準備方便客戶比較哪邊更大，更划算、更便宜的對照方案。

相對比較法 ②

拿出小東西，
普通尺寸看起來就會變大

　　超市的鮮魚賣場裡賣的魚，通常比保麗龍盤要小。不過我認識的鮮魚店卻如插圖所示，反而是保麗龍盤比魚小。

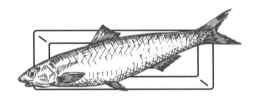

　　如果魚比保麗龍盤大，看上去會比實際尺寸來得大，魚身也顯得更厚實。

　　我再以珠寶店為例。某家珠寶店的櫥窗裡，展示著漂亮的項鍊，定價是二十萬元。從店門前經過的人，都會看到那條項鍊。

　　如果有年輕情侶來這家店買婚戒，看到項鍊時應該也會忍不住覺得「好貴」。在這裡順帶一提，依照Zexy[1]的「婚姻綜合研究、二〇一六年結婚趨勢調查（東京地區）」來看，結婚戒指的平均購入價為三十九‧四萬日幣（約8萬5台幣）。

1　日本一本專門介紹婚禮相關資訊的雜誌

一旦有了「好貴」的感想，在看到店內婚戒的價格時，大部分的人都會覺得相對便宜。這是一種心理學技巧，只要一開始先展示高價商品，再以這個高基準看其他商品，感覺就相對變便宜了。

我從前在電視節目上，看過價值一百萬的掃把。那是南部的掃帚，是岩手縣的工藝品。

當時我邊看邊驚呼：「這麼貴的掃把，到底有誰會買啊？」事實上，聽說在上節目之前，那種掃把的確一把也賣不出去。

不過，一百萬掃把以外的商品倒是有人買，其中要屬三萬元的最暢銷。以一般的標準來看，三萬的掃把其實也很貴，但看過一百萬的掃把後，三萬的掃把感覺上就相對變便宜了。

人類是靠比較來判斷事物。所以我用明信片寫感謝函時，都會把外圈的留白刻意縮小。這是因為把文字寫出框外的話，就算字數少，看起來也像寫了很多字，而且更有魄力。

人類的心理

看了大東西後再看普通尺寸，感覺就會變小。相反地，看了小東西後再看普通尺寸，感覺就會變大。

具體的行動

如果在想賣的商品兩旁，分別陳列價格更高和更低的商品，就能利用人類相對比較的心理，誘使客人購買。

只要先提出前提，
對方就會以前提為基準思考

　　發生大災害時，會有町內會[2]或企業等團體展開募款。有些人在煩惱捐款金額時，會問募款人捐多少比較好。

　　如果對方回答：「大概100元左右吧。」很多人就會配合這句話掏出100元。

　　其中當然也有人會捐10元或1,000元，但聽到「大概100元左右」的人，還是會以這個金額為前提，開始思考要捐多少。

　　我再換一個例子。

　　先拿一張風景照給別人看幾秒，然後問：「照片裡有幾隻鳥在飛？」

　　對方會稍微想一下再猜：「兩隻？還是三隻？」

　　但事實上，風景照裡根本沒有鳥在飛。

　　就因為問了有幾隻鳥在飛，讓「照片裡有拍到鳥」成為前提。

　　一開始的100元也一樣，如果有人提出某個前提，其他人就可能以這個前提為基準思考，或是把這個前提視為理所當然。

———————————————

2　日本的社區自治組織

一旦了解這種心理機制，我們也可以在推銷時，提出下面的前提：

「其他人都願意幫忙……」

「您應該也知道……」

「聽說○○對預防代謝症候群很有效……」

「初學者大都是從這個課程學起……」

只要像這樣提出前提，人們就會以前提為基準，進行判斷。

有許多熟知人類心理的人，會把這個原理運用在自家公司的銷售和廣告上（這也是前提）。

人類的心理

人類一旦接收到某個前提，思考時就會以那個前提為基準。

具體的行動

在解說商品或服務時，可以試著提出前提，像是「其他客人都能接受」、「大部分的人都選這個」等等。

把希望的事告訴對方，
對方就會把那件事放在心上

在心理學理論中，有「**標籤作用（Labeling）**」一詞。

當你對別人說：「你是個勤快的人。」對方就會覺得自己很勤快。同樣地，如果你說：「你太在意小事。」對方就會覺得自己很神經質。

換句話說，理論上只要給對方貼特定的「標籤」，對方就容易做出和標籤一致的行為。

順帶一提，聽說要是有三個人問：「你臉色不太好，怎麼了？」身體狀況就會變差。這也是標籤效應的效果之一。

在商場上也是，如果給對方貼標籤，就能順利進行交涉。

比如當你說：「像貴公司這樣認真降低成本的公司，我還是第一次看到。」對方就會下意識地認為：「既然對方覺得我們很認真地在降低成本，我們是不是也該拿出相應的態度……」

這樣一來，等之後提出和降低成本有關的建議時，交涉的效果就會變好。

對部下和工作人員，我們也可以貼一些標籤，比如「你總

是會想出獨特的企劃，幫了我很多忙。這次我也很期待哦」以及，「你的待客的態度深受好評，謝謝你」，這樣他們做出相同行為的可能性就會變高。

我在演講前，要是覺得「今天的聽眾中，好像文靜的人比較多」，就會刻意在開場時說：「各位活潑開朗的○○市市民，大家好！」

不可思議的是，只要我這麼說，聽眾就會充滿活力地回應我。

如果店員說：「這位客人，您眼光真好。」你就會對選擇這樣商品的自己有自信。這也是貼標籤。

雖然是微不足道的一句話，但在商場上，一句話就能造成巨大的差異。

人類的心理

一個人只要被貼上特定的「標籤」，就容易照著標籤行動。

具體的行動

在銷售或洽商時，你要是希望對方怎麼做，必須先在口頭上用「您真是○○的人」來制約對方，給對方貼標籤。

一旦認為是自己的決定，
就會以自己的意志行動

心理學有個說法，就是「**如果是自己的決定，人類就會打從心底接受，依照決定行動**」。

也就是說，不管周圍的人再怎麼說「去做那個！」、「要這麼做！」，人在靠自己下定決心前，都不會認真地採取行動。

那麼，這個人類的心理機制，又要如何運用在商場上呢？

人類在行動時，遵從的往往不是別人的規定，而是自己的決定，所以我們必須讓對方認為這是他自己決定的。

因此，顧客一定要有「這個商品或服務，是自己決定要買」的感覺。

其實在網站或講座中，我們都會發現讓人以為「這是靠自己的意志決定」的技巧。例如網站上這麼寫道：「真的打從心底渴望變瘦的人，請先在下方打勾，再點進下一頁。」

這是一種手法，可以讓你透過「自己決定減肥，主動進入下一頁」的步驟，意識到自己的決心。

　　另外，當你在講座聽講時，也有講師會在一開始時說：「首先，請在第一頁寫下你今天參加講座的目標，然後在下面簽名。」

　　這個手法的目的，也是要學員認為是自己決定參加這個講座，必須達到自己決定的目標。意識到自己的「決心」後，就會有凍結效果。

　　在簽訂壽險等契約時，最後「自己簽名」的行為，也有讓簽約者意識到「這個契約是自己決定要簽」的效果。

　　那麼，在你做生意時，你又要怎麼誘導客人，讓他們覺得「這是自己決定的」呢？

人類的心理

　　人類一旦認為這是自己決定的事，就會積極地採取行動。

具體的行動

　　在洽商或待客時，可以利用為對方準備選項，請教對方購買的動機，或是請對方親手簽名等方式，讓對方意識到「這是自己的決定」。

把決定權交給對方，對方就會開始參與

　　關於「自由」，曾有人做過以下的實驗。

　　實驗者在街上對陌生人說：「能借點零錢給我搭公車嗎？」

　　聽了這句話後，大約有一成的人會借錢。但只要多了一句話，願意借錢的人暴增到四成七以上。你猜那句話是什麼？

　　答案是：「能借點零錢給我搭公車嗎？當然你可以自由選擇要不要借。」

　　令人驚訝的是，如果用這種方式拜託，連借的金額都會增加。

　　或許「自由」一詞中，藏著某種不可思議的力量吧。

　　人類被強迫時會試圖反抗，對自己決定的事則會積極參與。在聽到「是您的自由」後採取的行動，等於是「自己決定的事」，所以人類會更積極地參與。

　　這句「你可以自由○○」，也能在推銷時派上用場。

　　「以本公司的立場，我們比較推薦這邊的產品。當然您也可以先仔細看過產品，再自由選擇要哪一種。」

　　「我們能提供的是這三種，而我個人是推薦C。當然您也可以自由選擇要哪一種。」

「本服務有Ａ、Ｂ、Ｃ三種價格，您可以自由選擇適合的方案。」

「我希望這個月內能簽到新的客戶。現在有Ａ和Ｂ兩家公司，你可以自由決定要去哪一家推銷。」

我自己也常在接洽時告訴對方：「至於要選哪一個，貴公司可以自由決定。」

如果希望對方能積極參與自己的選擇，可以試著用這個技巧。

不過要不要使用這個技巧，你也可以自由決定。

人類的心理

人類被強迫時會反抗。如果是自己決定的事，就會積極參與。

具體的行動

在進行推銷或打廣告時，最好用「你可以自由○○」的說法，激發對方積極參與的意願。

保持未完的狀態，
記憶會更深刻

「事情一旦完結，人類就會馬上忘記，但如果還沒完結，人類就會掛在心上，難以忘懷。」

——這個現象，叫做「**柴嘉尼效應**」。

簡單來說，與其用「讓一切終了」、「讓全部結束」、「公開到最後」，倒不如在故事演到途中時，用「請待日後揭曉」、「請看第二部」、「驚人的高潮之後會再公開」等方式，讓資訊保持未完狀態，這樣人們才會更有興趣。

立陶宛的研究者柴嘉尼（Zeigarnik），曾針對「人類在邁向目標時，會保持緊張感，等目標達成後，緊張感就會消失」的假說進行驗證。後來這個理論就以他命名。

當時的實驗，是把受試者分成「把習題徹底做完」和「習題做到一半中斷」兩組，再讓他們回答做過的習題數量，結果中斷組的得分是完成組的兩倍，也直接證實了「還沒完成就結束的事，比完成的事更容易留在記憶裡」。

如果把這個理論應用在信件、傳真、網站的廣告文案上，就會產生以下的技巧。

你打開寫著「有特別的情報，要告訴重要的你」的信封，看到裡面的信和傳單。在信和傳單的最後，是這麼寫的：

「想知道更詳細的資訊，請上這個網站→http://www.＊＊＊＊＊」

「想知道更詳細的資訊，歡迎來電詢問。」

如果你被「未完狀態」勾起興趣，開始好奇是什麼資訊，就會上網站查看。

在演講時，我常常會說：「只要使用這個技能，就會知道哪些才是對方的真心話。關於這個技能……我會在後半段繼續說明。」

聽眾一旦對「未完狀態」感到好奇，就能專心聽到最後。

在說明商品或服務時，我們可以說：「其實這次的服務還有驚人的特別贈品，深獲其他客人的好評。至於詳細內容……稍後我會再作說明。現在請您先看這邊。」這樣一來，對方就能一直保持興趣和好奇了。

人類的心理

人類容易對未完結的事感到掛心，難以忘懷。

具體的行動

可以提供未完結的資訊，引發客人的興趣，讓對方對後續充滿期待。

往商品和服務「貼金」的方法

透過權威人士的話，
就能有效地傳播

請念念看以下的文章。

絕不能垂頭喪氣。
要永遠抬頭挺胸。
用雙眼好好看清楚這個世界。

這是一段能讓人產生勇氣的好話，對吧？那麼，請再念一
次。

絕不能垂頭喪氣。
要永遠抬頭挺胸。
用雙眼好好看清楚這個世界。
——海倫‧凱勒——

雖然是兩段同樣的話，但有沒有加上海倫‧凱勒這個名
字，在印象上會有很大的差異。借用有權威性的人事物來背
書，叫做「權威效應」。

如果為商品或服務加上權威的背書，就能讓這個商品或服
務更有影響力和說服力。

我常在講座中對參加者說：

「小才是遇到緣分但渾然不知，中才是察覺緣分卻白白浪費，大才是一面之緣也要善用……這是柳生家的家訓。今天我們在這裡比鄰而坐，或許也是一種緣份，所以接下來的這段時間，請各位向鄰座的人介紹自己吧。」

我的意圖是「請向鄰座的人介紹自己」，但如果我直接說：「請和鄰座的人互相自我介紹。」一定會有人因為害羞而不肯配合，所以這時抬出「柳生家的家訓」，就能發揮權威效應，增加說服力。

向對方傳遞訊息時，如果找別人為自己的話背書，像是「京瓷的創始人稻勝會長曾說，所謂的組織就是……」、「馬克‧祖克柏也說過，社群媒體的重要性在於……」等等，效果就會提高。

在說明商品或服務的手寫POP或目錄上，也可以放入權威，例如「連豐田都採用的庫存管理系統」、「巨人隊的○○選手也愛用的運動品牌」、「藝人○○也愛用」，或是規模較小的像是「經○○商工會議所認證的地方優良特產品」、「曾在○○比賽中獲獎」等等。一旦有權威背書，效果就會更顯著。

人類的心理

即使傳遞的訊息相同，有沒有權威的說服力也會不同。

具體的行動

試著思考有沒有具備影響力，能給商品或服務權威性的人物、組織、得獎經歷或證書。

由大家信任的人推薦，
更容易讓人相信

在出版人川北義則的著作《玩樂的品格（暫譯）》（中經文庫）中，有這麼一段文字：

「如果你想宣傳『我家的煎餅很好吃』，可以請一個不同行業而被大家信任的專家說：『那家的煎餅真好吃！』。這樣大家都會覺得『那個人也在吃的話，應該會好吃』。這樣宣傳的效果會很好。」

所以說，如果想宣傳自家店鋪的煎餅，可以請鎮上知名旅館的女老闆說：「那家的煎真餅好吃！」

請鎮上知名餐廳的主廚說：「那家的煎餅真好吃！」

請鎮上最大的壽司店的老闆說：「那家的煎餅真好吃！」

請鎮上最大的包子店的老闆說：「那家的煎餅真好吃！」

……以此類推。

如果不用一些方法，不會有人稱讚我們的店舖或公司，所以我們必須用點技巧，積極地把口碑擴散出去。這時最好不要自己拚命推銷商品或服務，而是透過別人的口碑來營造良好評價。

如果我們提供的商品或服務本身就很優質，也可以透過商

工會議所、商工會[3]、法人團體、商圈協會等人脈，請他們幫忙散播口碑。

在得到對方的理解後，就可以利用傳單、DM、POP廣告、海報等文宣品來推銷。

我們只要把對方吃煎餅的樣子拍成照片，放進文宣，營造「那家的煎餅真好吃！」的氣氛就好。

來自第三者的推薦，效果要比自己說一百次「我對我家的煎餅味道很有自信」更值得期待。

從心理學的角度來說，這其中產生作用的包括**「社會認同」**、**「權威效應」**和**「側聽效應」**。權威效果在前面就說過了。社會認同是指看到別人行動，自己也會採取相同的行動。至於側聽效應，是指沒有利害關係的第三者發表意見時，會讓人覺得更可信。

讓客人覺得商品和服務有信用，值得信賴的訣竅，不是自己親自宣傳，而是要借用第三者的權威。

人類的心理

如果是有權威的第三者推薦，人類會覺得更有公信力，更值得信賴。

具體的行動

可以活用地方工商協會之類的人脈，透過他們收集對商品、服務的好評與推薦。

3　兩者皆爲日本商會組織，前者分布在市區，後者則爲鄉鎮

經過電視介紹的事物，
容易取得信任

以前去五金大賣場買某樣商品時，發現類似的商品很多，不知道該選哪個。

就在這時，「NHK也介紹過！」的廣告詞忽然映入眼簾，讓我的煩惱一掃而空。

「既然NHK介紹過，效果應該不錯吧……」上次和上上次介紹過的「**權威效應**」發揮作用，讓我下了這樣的判斷。

那麼，你也能把媒體的力量，運用在商場上嗎？

當然可以。

咦？

「NHK又不會來採訪我！」

……是這樣沒錯。不過，不接受採訪也沒關係。

比如說，要是做一個寫著「NHK也介紹過！紅蘿蔔隱藏驚人的減肥效果」的POP立牌，放在紅蘿蔔旁邊呢？不是你種的紅蘿蔔也可以，只要用POP宣傳電視的報導就好。

還有，如果你是做住宅翻修的裝潢業者，也可以在傳單上寫：「○○台也介紹過！時下流行的挑高天花板，在你家也能

輕鬆實現！」

　　就算沒接受採訪，只要是電視節目播過的內容，也能和自家商品拉上關係，拿來宣傳。

　　只要有當紅主播在節目中提到哪種食材有益健康，本地的超市裡就會有好一陣子都能看到以下的廣告文宣：

　　「連知名主播M都大力推薦的番茄，究竟有何功效？

　　原來番茄中富含茄紅素，能減少會引發癌症、動脈硬化的活性氧，效果非常好。尤其是運動不足的人，更應該多吃番茄。」

　　只要把這個POP廣告放在番茄旁邊，番茄就會變暢銷了。

人類的心理

　　人類容易相信電視、報紙、雜誌、廣播等媒體散播的訊息。

具體的行動

　　試著查看媒體，看看有沒有跟你的商品、服務有關的介紹。

No.1和第一名
會吸引人們的注意

　　在我的名片上，有寫著「出版書籍在亞馬遜書店的行銷類中排行第一」。

　　常有看到這行字的人對我說：「第一名嗎！好厲害喔。」

　　看來第一名果然有很大的影響力。

　　這裡運用到的思維模式，在心理學上稱作「**限定條件下的事實**」。所謂限定條件下的事實，是指某件事只在限定的條件下才成立。

　　我的第一本書的亞馬遜銷售冠軍，其實是在「商業行銷」類別，而不是在總排名。換句話說，這個「要在某個限定的條件下才能符合的事實」，就是限定條件下的事實。

　　雖然在商場上不能做太誇大的廣告，太誇張的宣傳，但只要對條件加以限制，幾乎所有公司或店舖都有機會當第一名。

　　以前在某個演講會場裡，我發現某汽車經銷商的執行董事也來參加。我問：「你們公司的No.1是什麼？」他就回答：「我們無障礙車的銷售量，應該是全縣第一吧。」

　　那家公司一直都用「只要是車子的事，都交給＊＊MOTORS」當廣告詞。

　　比起那一句，我覺得不如改成「無障礙車的銷售量為琦玉第一，只要是無障礙車的事，都交給＊＊MOTORS」，應該會更好吧。

　　「第一名」、「No.1」、「Best 1」不但會吸引人們的關注，也會在潛意識中形成正面的印象。
　　「網購部門銷售額No.1」
　　「麥類新領域銷售額No.1」
　　「市場占有率第一名」
　　「Otoriyose-Net₄甜點銷售排行榜第一名」
　　「罐裝黑咖啡市佔率No.1」

　　只要你也用這個方式尋找自家的No.1，以「這是○○No.1的商品」做宣傳，就能給客人留下好印象。

人類的心理

　　人類很容易受到第一名、No.1 的影響。

具體的行動

　　就算不是日本第一、縣內第一也沒關係，只要以創立年分、員工人數、品項種類、平均年齡、得獎數量為條件，或侷限於某地區、某時期的話，一定能找到某種第一名，然後就可以公開放在名片、公司資料和網站文案裡。

4　日本的甜點名產網購平台

如果是許多人贊成的意見，就會下意識地認同

對自己的想法有百分百自信的人，其實是少數。

所以人類在思考時，常常會拿自己的想法和別人的做比較。

只要意見和自己相同的人多，我們就會認定「自己的想法是正確的」。

如果是大多數的人表示贊同，給予評價的事物，人類就會覺得有價值。這叫做「**社會認同**」。

簡單來說，只要說「那個人是好人」的人一多，認為「那個人應該是好人」的人也會變多。

你在購物節目中，應該也看過、聽過他們不斷介紹這樣的感想吧。

「起初我還懷疑這會不會有效，沒想到使用後效果很驚人。現在我已經愛不釋手了。」

「才開始用一個月，效果就出現了。我很推薦有同樣煩惱的人來用用看。」

　　相信有很多人聽到這樣的感想和意見後，應該也會認為「這商品一定很棒」。這種「如果是大多數的人表示贊同，給予評價的事物，人類就會覺得有價值」的現象，就是被稱為「社會認同」的心理學概念。

人類的心理

　　只要是大多數的人表示贊同，給予評價的事物，人類就容易覺得有價值。

具體的行動

　　把「多數人都同意」的訴求，當成推銷的策略。

貨架上的商品少，容易給人暢銷的印象

據說在貨品堆積如山的折扣商店「唐吉軻德」中，有種故意讓貨架空出一角的擺設手法。只要這麼做，就能製造商品暢銷的假象。

在實體店銷售專家河瀨和幸的著作《又賣出去啦！》（暫譯，鑽石社）中，也曾提過陳列商品時切記不要擺放整齊，最好故意讓一角塌掉或空著。

如果不把貨架上擺滿商品，而是故意消掉某一角，或是把堆疊的商品刻意拿掉一部份，顧客看到後就會覺得「這賣得不錯」，購買該商品的機率也會提高。

從心理學的角度來看，這是「**稀少性**」、「**社會認同**」和「**從眾效應**」綜合起來的效果。

稀少性是指數量稀少或難以取得的物品，會讓人類覺得有價值。社會認同是指人類會受其他多數人的意見和行動影響。從眾效應則是指人類在行動時，常會配合或貼近別人的言行。

所以，你的公司或商店也能透過「稀少性」、「社會認同」和「從眾效應」，讓顧客留下印象。

舉例來說，以下都是可能的做法：

● 故意讓陳列商品的貨架空出一角。

● 在目錄裡記上「暢銷商品，庫存極少」。

● 在手寫POP廣告上寫「受歡迎」、「熱銷中」、「暢銷商品」。

● 放上「最近有多家公司採用本機種」的宣傳標語，並列出其他公司採用的實例。

● 讓客人可以看到其他客人大量湧入店內的情況，或是把人潮拍成影像公開展示。

● 如果停車場很空，可以叫工作人員把車停進顧客用的停車位。

● 讓客人看到準備配送的商品堆積如山的景象。

做生意並不是保持「井井有條」就好。偶爾呈現「空著」、「減少」、「凌亂」的景象，給客人「商品很暢銷」的印象，也是很重要的。

人類的心理

人類看到貨架上空出一角，就容易以為那樣商品很暢銷。

具體的行動

如果你的店裡也有想促銷的商品，可以故意讓陳列商品的貨架空出一角，並在一旁擺上寫著「暢銷商品，庫存極少」的POP立牌。

背景音樂會改變
顧客的消費金額

　　我在三十幾歲時，曾開過電腦教室。當時在教室裡，只要我一放背景音樂，學生的聲音就會變大，等音樂一停止，聲音又會變小。所謂的背景音樂，其實就是電台廣播，我都會把音量調小後再播放。

　　在鴉雀無聲的環境中，人類很難出聲，而且當環境非常安靜時，人類也會顧慮周遭的觀感，選擇儘量不發出聲音。

　　當我要演講時，我會趁開場前拿出自己帶來的iPod，在會場裡小聲地播放背景音樂。雖然音量很小，卻會讓會場的氣氛緩和下來。

　　而且透過心理學實驗，也已經證實人類的消費行為會受到聲音影響。

　　一九八二年，美國羅耀拉（Loyola）大學的羅納德‧米利曼（Ronald Milliman）教授曾做過和聲音有關的實驗。

　　他在超市裡分別播放快節奏和慢節奏的背景音樂，再對這兩種情況進行比較，調查顧客在店裡的消費行為有什麼變化。

　　從結果來看，如果放快節奏的音樂，顧客滯留的時間會變短，消費金額也會降低；如果放慢節奏的音樂，顧客滯留時間會變長，購物時也比較悠閒，讓消費金額跟著提高。

另外，在美國的費爾菲爾德（Fairfield）大學，也曾進行一場咖啡廳的實驗。他們分別播放快節奏和慢節奏的背景音樂，並計算客人在一分鐘內把食物放進口中的次數。後來實驗結果如下：

● 快節奏時，是4.4次
● 慢節奏時，是3.83次
● 沒有音樂時，是3.23次

由此可知，假如餐飲店想在午餐時間增加翻桌率，可以用快節奏的音樂提升銷售額，等到下午茶時間再換慢節奏的音樂，讓客人能悠閒用餐，增加滯留時間，這樣銷售額或許也會提升。

另外，在需要想點子的會議上，如果播放快節奏的背景音樂，或許能激發出更多創意。

還有在進行簡報或商品發表會時，如果用沉穩的古典樂當背景音樂，也會讓人覺得商品很有質感。

人類的心理
人類的消費行為也會受到聲音的影響。隨著聲音的種類不同，行為也會改變。

具體的行動
試著改變店內背景音樂的旋律和節奏，並觀察客人的行為有何變化。

電話同時響起，
就給人生意興隆的感覺

在電視購物的節目裡，常會聽到這種台詞：

「客服中心已經響起電話聲了，想買的觀眾請趕快來電哦。」

雖然也有真的打不進去的狀況，但大部分其實都是營造「忙碌的表象」。

對認真考慮要買的人來說，這些「忙碌的表象」很重要。有了「忙碌的假象」，認真想買的人就會馬上打電話，為「忙碌的假象」帶來「真正的忙碌」。

我認識的零售店老闆，故意在收銀櫃檯後方弄個架子，寫著「寄送用」，並擺上一大束宅配單。聽說這是為了讓客人看到後，會認為：「這家店生意真好，竟然有那麼多準備寄送的宅配單」。

還有經營紀念品店的老闆，也總是在店門前擺出「歡迎○○○一行蒞臨」的看板。這也是為了讓客人認為「這是一家生意興隆的店」。

如果你在醫院聽到「現在沒那麼忙，可以馬上動手術」和「手術已經排到三個月後，只能預約更後面的時間」，你會覺

得哪一邊的醫生醫術更高明呢？

　　人類會想把工作交給「看起來很忙的人」，想走進「看起來很忙的店」，想跟「看起來很忙的人」買東西。

　　你應該也不想把工作交給「閒得發慌的公司」，不想走進「感覺很閒的店」，住進「感覺很閒的旅館」吧。

　　因為「看起來很忙」，於是「接到工作」，結果真的「變得很忙」的例子，也是不勝枚舉。

　　人類想請別人工作時，明明都想交給忙碌的人，但換成自己是受僱者時，卻不知為何總是表現出很閒的樣子。

　　不管怎樣都絕不能說：「我很閒，請給我工作」，切記一定要說：「現在剛好有點忙，不過我會設法排進去的。」

　　這是因為人類喜歡「看起來很忙的店」，會被「看起來很忙的公司」和「看起來很忙的人」吸引。

人類的心理

　　人類會想把工作交給「看起來很忙的人」，想走進「看起來很忙的店」，想跟「看起來很忙的人」買東西。

具體的行動

　　試著想出一些能營造生意興隆的形象，又不會欺騙消費者的正當手法。

第 **2** 章

讓客人心動的
廣告文宣技巧

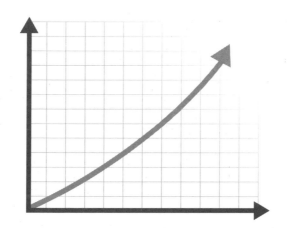

人對自己關心的事物，
都會多看兩眼

有個經常被提到的行銷基本原則，就是「**一定要鎖定目標**」。

商場上有一點很重要，就是絕不以不特定多數為目標，而是透過性別、年齡、興趣、嗜好、年收入等條件篩選，鎖定主要的銷售客群。

如果用有限的預算和時間，對不特定多數進行販售、宣傳和行銷，以開銷和成效的性價比來說太浪費，收益也不好。

廣告標語的目的，是在呼叫潛在客戶，引起他們的注意。

「各位聽好了！有好消息要告訴你們哦！」

——像這種以不特定多數為對象的廣告詞，通常只會淪為亂槍打鳥。

所以，我們一定要想出能引起共鳴的廣告標語，讓顧客產生「這不是在講我嗎！」、「這是要講給我聽吧！」的感覺。

我覺得有句廣告標語，可以稱得上是經典。

「**給在意體脂肪的人**」

這是花王的保健飲品「健康綠茶」發售時的廣告標語。當時在商界人士之間，如何消除代謝症候群受到了廣大的關注。

花王不以不特定多數為目標，也不用「給關心健康的人」、「給每天想得舒適的人」之類的模糊訴求。他們把目標集中在「擔心體脂肪的人」，讓主攻客群認為這是在說自己，選擇對商品多看兩眼，結果讓健康綠茶成了爆紅商品。

到了現在，由於「健康綠茶」的知名度已經很高，所以廣告標語也換成「提高脂肪代謝力，有助降低體脂肪」，以更好懂的方式說明商品的特色。

就算我們再怎樣猛烈地推銷商品和服務，只要顧客認為「這資訊跟我無關」，對方就注定不會買單。

所以，我們必須透過廣告標語，讓顧客覺得**「啊，這是在講我！」**、**「根本就是我嘛！」**，才會知道這是自己關心的事。

人類的心理

人類如果覺得跟自己無關，就不會多看兩眼。

具體的行動

在構思廣告標語前，必須先鎖定要訴求的對象。

鎖定目標的文宣技巧②

用「給為○○困擾的人」
吸引注意

　　「還在為肩膀、腰部、膝蓋的長期疼痛，反覆疼痛所苦嗎？

　　你們『不想再苦惱』的心聲，我們都聽到了！

　　這些疼痛的問題，交給純中藥調製的『痛散湯』就對了！」

　　這和前一項一樣，也是鎖定特定客群的廣告標語。

　　人們有各式各樣的煩惱。

　　「為健康煩惱」、「為工作煩惱」、「為減肥煩惱」、「為人際關係煩惱」、「為金錢煩惱」、「為人生煩惱」、「為頭髮煩惱」、「為求職煩惱」、「為異性煩惱」、「為失眠煩惱」、「為家庭煩惱」、「為寵物煩惱」、「為口臭煩惱」、「為做菜煩惱」、「為事故煩惱」、「為借錢煩惱」、「為壓力煩惱」、「為肩膀僵硬煩惱」、「為腰痛煩惱」、「為膝蓋疼痛煩惱」、「為結婚煩惱」、「為育兒煩惱」、「為照護煩惱」……

　　以前有熟人說：「所謂的做生意並非販售商品，而是找出讓對方感到困擾、苦惱的問題。」

這真是至理名言。

不過單靠廣告，並不能找出讓訴求對象感到困擾、苦惱的事。

所以一定要讓困擾苦惱的人們，察覺到我們的存在。

在這種時候，「**給為○○困擾的人**」就是能引起他們注意的廣告標語。

只要成功引起對方的注意，就能照「**提供對方資訊→為商品或服務做具體說明**」的步驟進展下去了。

人類的心理

只要和自己的困擾有關，無論再小的資訊，人類都不會錯過。

具體的行動

可以試著分析商品或服務的功用，看看能為哪個族群解決煩惱，再針對這部分想出廣告標語，讓訴求對象覺得這跟自己息息相關。

比起偶數，
日本人更喜歡奇數

　　當我瀏覽廣告標語時，發現列舉特色的數字大多用奇數，而非偶數。

　　「給職業婦女的五堂課」

　　「掌握幸福職涯的五個秘訣」

　　「美味生啤酒的三個秘密」

　　從這些廣告標語中，我做出「日本人似乎喜歡奇數」的假設，然後在網路上展開調查。

　　根據調查結果，「三」、「五」、「七」用得特別頻繁。日本在婚喪喜慶時，包禮金奠儀的金額都是奇數。

　　我再舉一個早期的資料。「HOBO日刊ITOI新聞[5]」也曾發表過「你喜歡偶數，還是奇數？」的問卷調查結果。這已經是二〇〇四年的事了。

　　調查結果（回答總人數5,791人）顯示：

　　●有52.8%的人回答喜歡奇數。

　　●年紀越大的人，越喜歡奇數。

　　●女性比男性更喜歡奇數。

5　日本知名廣告文案作家糸井重里的網站

● 最喜歡的數字前三名為「三」、「五」、「七」。

如果把這個特性用在廣告上，當你的商品、服務或特殊贈品中，包含有別於其他公司的元素或特徵時，要是能結合「三」、「五」、「七」來呈現，效果會更好。

比如說，你的公司在承攬翻修工程上，擁有其他公司沒有的特點，或是會受客戶喜愛的地方。

在這種前提下，與其用「**房屋翻修交給本公司，保證讓全家都滿意！**」當廣告詞，不如把公司的特點和「三」、「五」、「七」結合，改成「**本公司在房屋翻修上的三大堅持，保證讓全家都滿意！**」，效果會更好。

此外，如果要讓目標客群對廣告標語留下印象，有一個慣用手法是「使用具體的數字」，比如「**每四人中就有一人會選**」。

目前已經證實，只要使用具體的數字，印象就會更深刻。

人類的心理

調查結果顯示，「三」、「五」、「七」等奇數，比偶數更受歡迎。

具體的行動

想強調自家公司或店舖的特徵時，可以試著結合奇數列舉出來。

一開始就回答「YES」，接下來就很難說「NO」

如果有人問：「想不想讓你住的城市變得更好？」

一般人都會回答「當然想！」吧。

其實，人類如果對別人表示過幾次贊同（YES）的態度，之後就很難再表達反對意見（NO）或提出反駁了。

所以有一種推銷法，會把對方可能回答「YES」的問題，故意混入談話中。這種話術就叫做「**YES誘導法**」。

比如說，

「想不想用部落格當副業賺錢？」

「想不想讓你住的城市變得更好？」

「你應該也覺得，用一杯茶就能預防腦中風很棒吧？」

在大部分的情況下，幾乎所有人都會回答「YES」。

一旦對這種問題回答「YES」，對方就會接著說：

「從四月開始，會有一場名為『每月用部落格賺百萬』的網路事業講座。要不要來聽聽看呢？」

「我們正在進行連署，主題是『希望在本市建造能讓孩子安心遊玩的公園』。可以請您幫忙連署嗎？」

「我們準備了五百元的小包裝柿葉茶,可以免費寄送。您要不要試喝看看?」

如果一開始表示「YES」,在面對這些推銷時,就很難堅定地說「NO」。

將這種心理機制運用在廣告文宣上,就成了「YES誘導法」。

人類的心理

如果對一開始的問題回答「Yes」,到下個問題就很難說「NO」了。

具體的行動

在構思行銷商品的廣告文宣時,最好先從訴求對象容易接受的問題開始。

令人印象深刻的語詞，容易留在記憶裡

「終極瘦身法發售中！」

「驚奇的終極瘦身法發售中！只要簡單三步驟，人人都能輕鬆辦到！」

這兩個廣告標語中，哪一個能引起大眾的注意？

硬要選的話，我想八成是後者吧。

其實在後者的廣告標語中，就包含了神奇字眼（Magic Word）。

至於神奇字眼有哪些，大致列舉如下：

◎ **前所未有**　前所未有的講習會，免費開放中！

◎ **空前絕後**　空前絕後的瑕疵品大特賣！

◎ **緊急通知**　緊急通知！業界首次的○○活動已敲板定案

◎ **業界首創**　業界首創油電混合機車，發售中！

◎ **史上頭一遭**　史上頭一遭！宇宙旅行團開始招募

◎ **首度公開**　當紅角色○○的全新版本，即將首度公開！

◎ **全新研發**　全新研發！工程用○○的安全性能提升50%

◎ **新發現**　新發現！能從市中心當日往返的私房溫泉

◎ **驚奇**　驚奇的高爾夫訓練法！只要三個月，你也可以成

為單差點打手[6]

◎ **保證**　我們保證！安裝後可享三年免費檢測

◎ **話題正夯**　在主婦之間話題正夯的省時食譜

◎ **警告**　警告！小學生愛喝果汁，會引發代謝症候群！

◎ **魔法**　每天喝一杯，就能讓體質保持鹼性的魔法水

◎ **讚不絕口**　牙醫師也讚不絕口的鈦金屬牙刷！

◎ **風行**　在美國西岸風行的新運動，即將登陸日本！

◎ **在電視上成為話題**　在電視上成為話題的減肥法

◎ **終極**　終極安眠枕免費送，只限○名

◎ **快訊**　快訊！從現在開始，十二小時內半價供應！

◎ **奇蹟**　引發奇蹟的半日斷食減肥法

◎ **衝擊**　那項商品將以衝擊的價格販售！

只要活用這些神奇字眼，將其融入廣告標語的開頭、中段或結尾，就能讓普通的廣告詞變得更令人印象深刻。

人類的心理

令人印象深刻的語詞，不僅在視覺和聽覺上更吸引受眾，也能留下深刻的印象。

具體的行動

想廣告標語時可以試著思考，哪一些語詞能讓訴求對象記憶深刻。

6　差點代表業餘高爾夫球手的能力。差點越低，能力越高，低於九就稱為單差點

客人買的不是商品，而是附加價值

商品和服務包含兩種價值，分別是「商品價值」和「評價價值」。

所謂的商品價值，是指商品原本具備的真正價值。至於評價價值，則是由商品的附加部分所形成的價值。

例如在裝潢翻修公司的傳單上，寫著**「重新打造兒童房」**的廣告標語。這是強調建築工程的商品價值。

如果把標語改成**「重新打造讓孩子變聰明的兒童房」**，這個工程對客戶來說，就多了「讓孩子變聰明」的附加價值。這就是評價價值。

「要不要來個泡芙？」是以商品價值為訴求。

「兩人一起吃，戀情就實現！要不要來個快樂泡芙？」就變成以評價價值為訴求。

但意外的是，顧客對產品和服務的真正價值（＝商品價值），其實並不了解。顧客之所以為「顧客」，就是因為他們不知道產品和服務的真正價值（＝商品價值）。

如果有人了解產品和服務的真正價值（＝商品價值），那就是「專家」，也就是同行。這些人是無法成為「顧客」的。

其實顧客會受商品和服務吸引，覺得很有魅力，原因大都不在於商品價值，而是評價價值。要拉抬（提高）評價價值的方法很多，其中最簡單的方式，就是在名稱和廣告標語上下功夫。

　　舉個例子，看了下面的廣告標語後，你會想吃哪一邊的蕎麥麵？

　　「使用新蕎麥[7]的好吃蕎麥麵」

　　「只用來自信州[8]的蕎麥粉。

　　每天從早上三點開始手工製作的新蕎麥麵　一日限量五十份」

　　前者只強調商品價值，後者則以評價價值為訴求。不是「好吃」，而是讓人「感覺很好吃」的價值，才是評價價值。

　　我再舉個例子：

　　「暢銷芋頭燒酒　已到貨」

　　「酒行老闆才知道的夢幻芋頭燒酒　已到貨」

　　所謂的評價價值，就是要像這樣站在客人的角度，思考哪些地方能引起客人的好奇與關注，再盡量以簡潔有力的短文呈現出來。

人類的心理

　　商品和服務的價值，分成「商品價值」和「評價價值」。

具體的行動

　　想要提升評價價值，最簡單的做法就是在名稱和廣告標語上下功夫。至於構思的訣竅，就是深入思考什麼能引起客人的好奇與關注。

7　今年內剛收穫的蕎麥

8　日本長野縣

如果在平淡的文句中放入感情，就會有臨場感和真實感

　　在部落格和臉書等社群媒體上，發布訊息的主要方式就是文章。對習慣和擅長寫作的人來說，寫文章是快樂的過程，但如果是文筆不好的人，可能想破頭也沒什麼進展。

　　這裡提供一個名為「**KSKK寫作法**」的技巧，可以讓不善寫作的人也能輕鬆寫出文章。這個方法的名稱，是取以下的字首組合而成的[9]。

K＝感情（Kanjou）
S＝思考（Sikou）
K＝行動（Koudou）
K＝對話（Kaiwa）

　　把「感情」、「思考」、「行動」、「對話」等要素放進文章，就能寫出有臨場感和真實感的文章。

　　舉例來說，如果寫「我對部下感到憤怒，對他怒吼」，感覺會非常平淡。

9　以下皆為日文發音

這時如果加入「感情、思考、行動、對話」，就會變成這樣的文章：

「聽到部下說：『這份文件哪裡有錯？』（對話＝口語）我感到強烈的憤怒（感情），不甘的情緒掠過腦海。『我明明這麼努力地教，為什麼他還是不懂？』（思考）想到這裡，我不禁肝火上升，雙手顫抖，對他怒吼起來（行動）。」

這樣一來，原本平淡的文章有了現實感，當時的狀況也變得好懂許多。

只要像這樣注意「感情」、「思考」、「行動」的安排，適時插入「對話（口語）」，文章就會產生立體感。

用社群媒體發布訊息時，一定要注意「對方是否會產生共鳴」。

寫的人覺得好懂，看的人卻看不懂的情況，其實比比皆是。

這時就需要第三者進行審查，看看目標對象（讀者）是否能明白這個內容。如果讀者覺得說明不夠，只要透過「KSKK」的角度來補強，文章就會慢慢變得有立體感了。

人類的心理

說明時放入「感情」、「思考」、「行動」、「對話」，就會產生現實感。

具體的行動

寫文章時，試著從「感情」、「思考」、「行動」、「對話」的角度來推敲。

如果答應簡單的要求，就很難拒絕下一個要求

社會心理學家西奧迪尼（Cialdini）曾以大學生為對象，進行一場關於遊說技巧的著名實驗。

在這場實驗中，他對一群大學生說：「有一場從早上七點開始的心理學實驗，想請你們幫忙。」學生聽到時間那麼早，答應幫忙的比例只有31%。

接下來，他改成先說：「有一場心理學實驗，想請你們幫忙。」接著才拜託對方：「實驗從早上七點開始，請準時前來。」這一次答應的學生，增加到56%。

由此可知，只要一開始提供容易接受的資訊，得到對方允許，之後即使提供負面資訊，對方也會容易接受。這叫做「**低飛球策略（Low-Ball Technique）**」。

所謂的低飛球技巧，是指如果一開始丟出對方容易接到的低飛球，接下來即使丟出不好接的高飛球，對方也會去接，可以說是一種心理戰術。

舉例來說，下面哪個POP廣告比較有效果？

A：「平板電腦五折出售，是有瑕疵的展示品」

B：「有瑕疵的平板電腦，五折出售！！」

以一開始要投低飛球的觀點來看，A標語的效果會比較好。

另外，在零售店裡決定要買後，如果聽到店家說「其實維護費要另計」、「電源轉接器要另外買」、「目前現貨只剩這個尺寸」，對方也是在用低飛球技巧。

越認真的人，越容易從一開始就丟高飛球，不過考量到人類的心理，最初還是投低飛球比較有效。

還有，如果發現自己被低飛球技巧說服，必須先拋開「已經說要買了，實在不好反悔」的顧忌，冷靜分析對方提出的條件，判斷能否接受。如果不行，就用「如果維護費另計，那我再去找別家好了」，「那麼，請再給我一點時間考慮」等說詞，堅定地回應對方。

人類的心理

人類如果一開始答應了容易接受的要求，接下來即使出現難以接受的要求，也很可能會接受。

具體的行動

向對方提出要求時，一開始最好先提出對方容易接受的要求。

越是叫人別看，
越是莫名地想看

如果有一頁寫上「拜託，請不要看這一頁！」，想看這一頁的欲望就會莫名地超過其他頁。如果聽到「不能往這箱子裡看」，不知為何就會產生想看的衝動。如果聽到「絕對不能去那裡」，就會忍不住想去那裡。

一旦遭到拒絕和禁止，反而會對那事物更有興趣。這就是人類的天性。

人類對於要不要讀，要不要看，要不要吃，要不要去，要不要聽，原本都有選擇權，但要是選擇權受到限制，心理狀態就會變得不穩定。

為了修復這個狀態，心理機制就會開始運作。

在心理學上，這種機制叫做**卡里古拉效應**。《卡利古拉》（Caligula，台譯《羅馬帝國艷情史》）是一部一九八〇年在美國上映，以重口味劇情引起話題的電影。此片遭到禁播後，想看的人卻不減反增。「卡里古拉效應」就以這個現象命名。

只要是了解人類心理的廣告文宣寫手和推銷員，都知道如果用「還不能申請」、「拜託，還不要買」之類的說法，反而

更能刺激購買欲。

　　以前我在網路上賣講座DVD時，曾有顧客詢問：「這套
講座DVD，對經營餐飲店也有幫助嗎？」後來我就回答：「之
前也有餐飲業者買過這套DVD，但畢竟每家店的規模和型態
不盡相同，建議您先別急著決定，可以參考其他網站的產品看
看。」

　　不過奇妙的是，很多客人都會自己找到購買的理由，例
如：「不用了，反正是朋友推薦的，應該沒問題才對。如果今
天下訂，大概什麼時候會收到？」

　　雖然這種禁止法一旦頻繁使用，效果就會變差，但只要在
推銷時和廣告上斟酌使用，效果會出奇地好。

人類的心理

　　人類如果遭到拒絕和禁止，反而會對那事物產生興趣。

具體的行動

　　在進行交涉、銷售和待客時，可以試著故意說不賣或不簽。

只要不想失敗，行動力就會提升

人類有兩個方向的欲求。

一個是正向的、積極的欲求，比如「想得到幸福」、「想變得有錢」、「想取得資格」等等。

不過積極的欲求有個特徵，就是雖然很多人有，卻很少有人付諸「行動」。

就算「想得到幸福」，也很少有人去思考獲得幸福的具體方法，更不願採取行動。就算「想變得有錢」，也很少有人會從今天開始學習投資和金融，或是準備做生意。就算「想取得資格」，也很少有人會馬上參加能取得資格的講座，或是申請相關學校。

另一方面，人類還有負向的、消極的欲求，比如「不想失敗」、「不想弄錯」、「不想丟臉」、「不想損失」、「不想被輕視」等等。

消極的欲求有個特徵，就是和積極的欲求相比，願意付諸「行動」的人更多。

只要想到「這工作很重要，不想失敗」、「不想在大家面前說錯話」、「不想在這場簡報上丟臉」、「不想在這項投資上賠錢」、「不想被部下輕視」，人們就會先做周詳的計畫，做事前練習，上專門的補習班，去講座聽講。

依照這個法則，當推銷或廣告用了積極的正攻法，消費者卻依然反應平平時，可以考慮用下方B項的消極說法。

（A）「這種剪裁的禮服比較適合您」
（B）「只要穿這種剪裁的禮服，無論參加哪一場宴會都不會失禮」

（A）「這項服務能大幅提升您的銷售額」
（B）「這項服務能為您預防更大的風險」

（A）「學會簿記，對未來會有幫助」
（B）「學會簿記後，未來就沒煩惱！」

只不過，消極的廣告標語終究會加深不安，還是不要過度濫用比較好。

人類的心理
人類在消極的欲求上，比較容易採取行動。

具體的行動
在推銷和打廣告時，用來強調消極欲求的代表詞有「不會失敗」、「不會出錯」、「不會丟臉」、「不會有損失」等等。如果想透過加深不安來刺激顧客，促使他們行動，可以考慮使用這些語詞。

如果誇大簡便性，反而會造成負面觀感

人們總想著：「我想要幸福！我一定要幸福！」可是面對持續的幸福時，又會陷入不安。

當你高興地想著：「好棒！明天開始放假，要去夏威夷了。」心中卻又惦記：「把爸媽留在家裡，實在不太放心。工作也累積很多……都丟給後輩真是不好意思。」

人類的內心，經常為快樂和罪惡感而糾結。

考量到人類的心理，在宣傳以主婦為目標客群的熟食時，如果主打「**節省每天的烹調時間，準備三餐更輕鬆！**」，就只有強調「快樂」，而忽略「罪惡感」的層面。

畢竟省略烹調步驟，會讓主婦產生「罪惡感」。

所以這時可以換成「為了正在發育的孩子，要不要再多一道能輕鬆上桌的配菜？」，這樣的訴求就不會造成罪惡感，主婦也更能接受。

人類的心理

　　在人類的心中，快樂和罪惡感經常糾結在一起。

具體的行動

　　不管是推銷還是打廣告，都得同時顧及「快樂」和「罪惡感」
兩種層面。

被點到名的人，
就會採取行動

　　有個名為「**旁觀者效應**」的心理學理論。

　　一九六四年在紐約市，曾發生一起案件。一名二十八歲的女性在自家公寓附近，遭男子持刀刺殺。當時受害女性在僅僅半小時內，就被犯人連續襲擊三次。在整個過程中，女子都不斷大聲呼救。

　　根據警方事後表示，當時至少有三十八人聽到被害女性呼救，最後卻只有一人通報，而且還是在被害者死後才報警。現場應該有很多人目擊，但大部分的人對這樁發生在自家附近的兇案，都顯得漠不關心。

　　社會心理學學者約翰・達利（John Darley）和比布・拉塔內（Bibb Latané）曾針對此案進行調查。後來他們更透過實驗結果，指出那些人對兇案漠不關心的原因。

　　「正因為有許多人察覺，所以才沒人採取行動。」

　　也就是說，人類在遇到重大問題或情況的當下，會容易逃避責任，用「一定會有其他人處理」為由不去行動。

　　尤其是這個問題或狀況牽連到的人越多時，不但「一定會有其他人處理」的念頭會越強烈，同時也會更擔心：「如果自己當著眾人的面插手干預，萬一失敗了會很丟臉」。這就是

「旁觀者效應」。

　　這種時候，為了不讓對方只當「旁觀者」，你可以這樣公開喊話：

　　「（手指向對方）那邊穿藍色襯衫的人。對，就是你。我現在出血很嚴重，再流下去可能會死，請你馬上叫救護車。」

　　只要明確指出對方是誰，以及具體的行動內容，對方就無法當「旁觀者」，更容易採取行動。

　　這個理論也能運用在廣告標語上。

　　要是用**「告訴大家一個划算的好消息」**，訴求對象和行動指示都太模糊，客人很有可能成為旁觀者，所以我們必須鎖定特定對象，明確指示他們要採取的行動，比如：

　　「有個划算的好消息，要跟住在西船橋，家中有孩子念小學低年級的媽媽們分享。請現在就馬上翻到傳單的背面。」

人類的心理

　　人類如果被點名，被指示要採取某個行動，就會當成自己的事來做。

具體的行動

　　在廣告文宣中，最好具體指示消費者該採取的行動。

只顧著講自己的事，
對方會感到厭煩

　　請想像你在年底時，收到兩封來自朋友的信。其中一封的內容如下：

　　「我上個月去夏威夷。有蔚藍的天空、廣闊的大海、美味的料理，每天都過得很開心。這裡的氣候跟寒冷的日本完全不同，讓我的身心也煥然一新！！（順便附上夏威夷的照片，讓你感受一下南方的氣氛）

　　對了，我的大兒子已經推甄上一所有名的私立高中。他準備參加足球社。我很期待以後去球場幫他加油。

　　回來日本後，我又去上品酒課和舞蹈課，總是閒不下來呢（笑）我有好多話想跟你說。下星期我要去你們那邊辦事，乾脆順便見個面好了，你覺得呢？」

　　至於另一封信的內容如下：

　　「你最近過得還好嗎？好久沒收到你的信了，真開心。對了，你的孩子好像明年要考大學吧？我記得他在學校裡，是足球隊的隊長。接下來他就要大考了吧。在這裡先祝他考上第一志願。下星期我可能會去你們那裡。我們也好久沒見了，如果時間方便，我想約你見個面，聊聊你的近況。最近天氣越來越冷，請你和你的家人都要好好保重身體哦。」

　　看過這兩封信後，應該會覺得第二封更有親切感吧？為什

麼會產生這樣的差異呢？

　　這是因為主詞不同。前一個朋友在信中的主詞是「我」，下一個朋友的主詞則是「你」。

　　如果以「我」為主詞，只顧著說自己的事，對方會覺得你既無趣又自私。

　　在商場上也一樣，假如在顧客面前老是提到「自己的商品」，在廣告中也總是吹捧「自己的商品」，顧客就會感到厭煩。

　　所以，當你想傳遞一些訊息，給有生意來往的人時，主詞最好用「您」。在廣告文宣中，主詞最好也要用「您」，而不是「這樣商品」或「我們公司」。

　　如果文宣是寫「方便攜帶，畫質高」，主詞就是「我」。

　　如果主詞換成「您（顧客）」，內容就變成「可以放進口袋，隨時帶著走。看到喜歡的風景，馬上就能拍出打卡美照」。

　　構思廣告文宣時，請把「您（顧客）」放在心上。

人類的心理

　　人類要是只講自己的事，只顧著自吹自擂，別人就會感到厭煩。

具體的行動

　　在構思廣告文宣時，要把「您（顧客）」放在心上。

知道發出訊息的人是誰，就會產生信任感

看到以下這兩個例子，你會相信哪一個？

A

面對客人
誠實至上

BEST電器工業

B

面對客人
誠實至上

BEST電器工業
行銷部門　佐藤義男

在我的講座上問這個問題時，幾乎所有人都回答知道名字和長相的B。這是因為比起「看不到臉的不特定團體或組織」，人們更容易關注「看得到臉的個人」。

二〇〇七年，心理學家D‧斯摩爾（D. Small）進行一場與捐獻有關的實驗。

他先對參加實驗的人說：「你可以把從實驗的酬勞中拿出一部份，捐贈給慈善團體。」

然後，他先對其中一半受試者（A）說明尚比亞有幾百萬人陷入飢荒的現狀，再對另一半受試者（B）講述一個非洲的七歲女孩苦於飢餓的故事。結果 B 組捐贈的金額是 A 組的兩倍。

其實拯救數百萬人，要比只救一名少女合理得多，但跟「看不到臉的不特定群體或組織」相比，人們還是更關心「看得到臉的個人」。

正如實驗結果顯示，在社群媒體、廣告傳單或商務管理工具上發布訊息時，與其用「看不到臉的公司或店舖」，不如用「公司或店鋪中看得到臉的個人」為代表，消費者的關注度會更高。

顧客對冷冰冰的公司和店鋪沒興趣，他們會關注的是「看得到臉的你」。

人類的心理

比起不特定的團體或組織，人們更會關注「看得到臉的個人」。

具體的行動

在發布訊息前，最好讓目標對象能得知發布者的確切身分，才能得到對方的關注和信任。

只要對儀表的第一印象好，連個性看起來都會好

　　美國的心理學家愛德華・桑代克（Edward Thorndike），在他於一九二〇年發表的論文中，曾提出著名的心理學用語**「月暈效應（Halo Effect）」**，別名**「光環效應」**。

　　這是指給如果給人的第一印象好，就會得到比較高的評價。例如儀表堂堂的人，在工作上應該也很能幹。還有畢業於知名大學的人，就算是菜鳥也會受到重視。

　　如果把月暈效應運用於商場上，像是進行簡報、交涉和待客時，只要把某種能帶來光環的事物跟企畫連結，就給對方好印象。

　　與其說「這種款式值得推薦」，不如說「想出這款式的設計師，之前曾幫大企業做過目錄，很值得推薦」。讓「有加分效果的事物」和簡報內容結合，就能改變印象。

　　POP廣告上與其寫**「五指襪，買到賺到！」**，不如寫**「在〇〇報的『促進中高齡者健康的特別報導』中，也曾介紹過五指襪！」**，這樣光環效應會更明顯。

　　至於名片或網站的個人檔案也一樣，與其寫**「〇〇有限公司負責人：佐藤」**，不如寫**「〇〇有限公司負責人：社團法人微笑協會認證專家—佐藤」**，這樣會更有光環的加持。

　　電影或電視劇中，常在正片開始前打上「〇〇藝術祭參展

作品」，代表這部作品有參加但沒得獎。

　　換句話說，只要有參加比賽、大會、競技的「經歷」，就能當成光環。

　　還有資格、資歷、頭銜、得到的獎項、媒體的採訪、公家機關認證、商標登錄、獎牌、獎盃、獎狀、跟名人合照、統計資料、調查資料、醫療資料、研究機關和調查機關的數據、推薦等等，全都能成為「光環」。

　　以上介紹的，都是利用月暈效應，形成正面形象的方式。但相對地，如果留下儀容不整的第一印象，也會讓負面觀感深植對方心中。

人類的心理

　　人類對視覺、頭銜、媒體、統計、醫療、學問、權威等要素，都有正面的印象。

具體的行動

　　把可以製造光環效應的訊息，公開放在名片、營業資料或網站上。

看到嬰兒的笑容，
人類就變得溫柔又親切

在日本，很多人在撿到裝有大筆現金的錢包時，都會送到警察局做招領。這種拾金不昧的行為，常被視為日本人有高道德觀的證明。

據說在歐美掉錢包的話，找回來的機率低於日本。不過世界上也不曾對各國找回錢包的機率進行調查，所以也沒證據證明日本在這方面特別突出。

但有趣的是，英國的心理學家理查德・懷斯曼（Richard Wiseman）倒是有做過錢包遺失後，會在什麼情況下找回來的實驗。本實驗的內容，在懷斯曼的著作《59秒啟動正能量》（洪慧芳譯、漫遊者文化）中有詳細介紹。

懷斯曼博士想調查，在人來人往的道路上遺失錢包後，找回來的機率到底有多高。

當時他準備數個錢包，又在錢包中各自放入以下的照片：

「可愛的小狗照片」

「嬰兒露出笑容的照片」

「幸福的家庭合照」

「慈祥和藹的老夫妻合照」

那麼，你覺得放進哪種照片的錢包，找回來的機率最高？

（在實際的實驗中，照片的類型會更多一點。這裡為了更好理解，改得比較單純）

答案是──放了嬰兒露出笑容的照片的錢包。

懷斯曼博士針對這個結果，作了以下的分析：

人類看到毫無戒心，笑容宛如天使的嬰兒時，心情會很好。這是因為我們為了延續種族，演化出看到嬰兒就會想幫助的天性。

人類看到嬰兒可愛的笑容，會自然而然變得親切，而這個天性又跟歸還錢包的行為產生連結。

了解這個原理後，只要在演講時覺得氣氛太嚴肅，我都會在開始前投影嬰兒的照片，也確實感受到場內的氣氛變柔和了。

人類的心理

人類具有看到嬰兒的笑容，心情會愉快的天性。

具體的行動

如果想營造和諧的氣氛，可以先準備有嬰兒笑容的視覺素材。

知道內容和自己有關，
對方就會關注

　　我之前說過商品有兩種層面，分別為「商品價值」和「評價價值」。商品價值是商品原本就具備的價值。以啤酒來說，就是清爽潤喉，好喝又能讓人放鬆的酒精飲料。

　　另一方面，評價價值是指客人心中的價值，也就是客人在商品價值外感受到的附加價值。以啤酒來說，讓人感覺到高級感和尊榮感，就是附加價值。

　　而且，如果後來評價價值成功打動顧客，讓顧客願意花更高的價錢購買，也就有了接近名牌的價值。

　　評價價值會隨著實績、經驗、知名度等因素改變。如果要提升現有商品的評價價值，最簡單的做法就是改變名稱和廣告標語。

　　我舉個例子來說明。以下的A和B商品價值相同，但隨著廣告標語不同，評價價值也會改變。

　　A：「蕎麥麵110元」
　　B：「只用風味豐富的信州蕎麥粉，每天凌晨三點由老闆
　　　　親手桿製，限量50份。蕎麥麵170元」

Ａ：「萩燒茶碗425元」
Ｂ：「『萩之七變化』堅持傳統工法的萩燒陶釜鍋855元。鍋身顏色會隨著使用產生變化的夢幻陶器」

Ａ：「暢銷芋頭燒酒750元」
Ｂ：「酒莊老闆才知道的夢幻芋頭燒酒只進10瓶！每瓶售價1,500元」

　　如果商品已具有高知名度、品牌魅力，或是績效卓著，就不必透過修改廣告標題來調整訴求方式。

　　不過，要是商品價值很充足，比其他公司的商品更具優勢，銷量卻始終不見起色時，就應該用更能凸顯評價價值的宣傳方式。

　　未來的消費者必須在眾多選項中，尋覓最適合自己的個性和嗜好的商品。如果想擠進顧客的選項，廣告文宣就要更烘托出商品的獨特性。

人類的心理

　　人類會從符合自己個性的評價價值中挑選商品。

具體的行動

　　要想出簡潔易懂的廣告標題，讓顧客明白這商品有哪些優勢，是明顯勝過其他競品的。

第 **3** 章

增加好感，
提升印象的商場溝通術

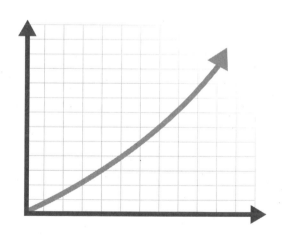

見面次數越多，
好感度就越高

自從知道有公式可以博得別人喜愛後，我就對打好人際關係有了自信。

頻率＋靠近＋持續時間＋強度＝他人的好感度

（出處：《如何讓人喜歡我：前FBI探員教你如何影響別
人、營造魅力、贏得好感、開啟「好人緣開關」！》傑
克·謝弗／馬文·卡林斯著、王彥筑譯、遠流出版）

我利用這個公式，在常去的運動社團裡交到不少朋友。

首先是頻率。

要記得向其他成員問候寒暄。就算每次對話都很短也可
以，只要說句「你好！」、「今天天氣真好」就好。

要跟別人打好關係，第一個關鍵是次數。不必勉強交談，
只要見到時給個微笑或點個頭，等次數一多，你和對方之間就
會產生親近感。

其次是靠近。

等見面的次數增加後，接下來就是縮短和對方的距離。可以
比平常更靠近一步，向對方搭話。內心的距離和物理的距離是呈
正比，所以只要縮短物理距離，就更容易和對方感情變好。

再來是持續時間。

等接觸次數多了，距離也縮短後，下一步就是對話的長度。你可以用這本書第112頁所解說的「同步（Pacing）」、「鏡射（Mirroring）」、「回溯（Backtracking）」等技巧，將對話時間一點點拉長。

最後加上強度，就很完美了。

等對話長度稍微增加後，就要考慮強度。以我為例，當別人做仰臥推舉時，我會從旁協助；在練舞室裡做舞蹈型的有氧運動時，我會和旁人互相確認舞步或動作的順序；上瑜珈課時，我也會和別人彼此確認動作。然後，我會利用這些互動，增加溝通的強度。

以上這四點中，頻率尤其重要。目前已經有心理學實驗證實，只要看到對方的臉大概四~五次，就會產生好感。即使很少交談，甚至沒有交談也沒關係，重點是進入對方視野的次數要多。如果遇到無法交談的情況，也千萬不要皺起眉頭，擺出臭臉，只要微笑一下就好。

人類的心理

能博得他人喜愛的公式＝頻率＋靠近＋持續時間＋強度。

具體的行動

要讓對方喜歡你，首先要注重的是交談次數，而非時間。先耐心地增加見到對方的次數，之後再縮短彼此的距離。

隨著接觸頻率和密度不同，印象也會跟著改變

我在演講前和主辦人開會時，會設法運用「**熟悉定律（＝對看到、碰觸到、見到很多次的事物抱有好感）**」，讓對方產生好印象，因此會刻意進行五次以上的「接觸」。

而且，由於「**單純曝光效應（＝人類對接觸四次以上的人，容易產生好感和信任）**」也會發揮效果，所以就算我當天才跟主辦人第一次見面，雙方在溝通上也都大致順利。

另外，在實際見到主辦人後，我會利用寒暄時，尋找雙方的共通點。這是因為我想活用「**相似法則（＝興趣、想法和遭遇類似的人容易變親近）**」。

在對話中，我會到處安插「今天天氣很好」、「已經三月了」之類的話。這是為了運用「**YES誘導法（＝透過交談引導對方做出肯定的回應）**」。

我會和提早來會場的參加者交換名片和握手。這裡是運用了「**接觸效應（＝對有肢體接觸的人抱有好感）**」。

我也會對坐在前排的人打招呼。這是運用了「**鄰近原則（＝位置接近的人容易變親近）**」。

在演講前，我會上台好幾次，碰觸講台上的電腦，讓參加者知道我的長相。這裡是運用了「**扎榮茨法則**（＝人類會對陌生人冷淡，對認識的人有好感）」。[10]

只要事先做好這些，演講就會進行得很順利，氣氛也會很活絡。我時常在想，或許大部分的溝通作業，都在演講開始前就完成了。

而且這種情形，也不限於演講的時候。

不管把場合換成演講、洽商、接待客戶，或是進行簡報，在場的你和對方都是不同的人。如果忘記這一點，劈頭就和對方溝通，結果只會雞同鴨講，產生摩擦而已。

如果想要對方接受你的意見和主張，就必須了解對方，同時也讓對方了解你。這是基本的態度。

人類的心理

接觸的次數和握手，都是能讓溝通順利的技巧。

具體的行動

在進行溝通時，要靈活運用各種心理學的原理。

10　扎榮茨（Zajonc），美國心理學家

拜訪五次後，
簽約的機率會上升

　　某個著名的經營顧問，曾教我一個名為「2：8／5：8」的商場鐵則。

　　這是指在開發新客戶時，只拜訪兩次就以「這個客人沒希望」為由而放棄的業務員，佔了全體的八成。相對地，不氣餒地反覆拜訪五次以上的業務員，則可以拿到全體簽約戶數的八成。

　　雖然要連續拜訪五次很難，但這個法則裡還暗藏機關。

　　那就是不要被拒絕。

　　所以在第一次到第五次的拜訪中，切記不要刻意向客戶推銷或說明商品。

　　至於具體的做法，第一次可以說：「我把手冊放著，您有空可以看看。」第二次可以說：「我到這附近來，順道拜訪您。今天的天氣很好呢。」第三次可以說：「今天還真熱呢。我帶了些冰品來，不嫌棄的話請收下。」第四次可以說：「我剛好看到和我們公司有關的報導，想說拿來給您參考。」第五次可以說：「今天我剛好有些事，想向您請教一下……」

　　在不被對方拒絕的前提下，你可以像這樣一邊頻繁拜訪，一邊慢慢靠近對方。

其實有個心理學實驗，就剛好印證了這個做法。這是心理學家R.L莫蘭德和R.B.扎榮茨在一九八二年做的實驗。

他們把女學生分成A、B兩組。A組連續四週，每週看一次相同男學生的照片。實驗者每週都會調查她們對那個男學生的好感度。B組則是連續四週，每週看一次不同男學生的照片，而且實驗方也會每週調查她們對當週男學生的好感度。

在每週調查好感度時，實驗者發現A組女學生對照片中的男學生的好感，每一週都有上升。而相對地，B組女生對照片中的男學生的好感，卻幾乎沒變。

從這結果可以得知，反覆見面會造成影響，讓對方顯得更有魅力，更討人喜歡。這就叫做「**單純曝光效應**」。

這實驗跟「2：8／5：8法則」一樣，都在告訴我們，即使是第一次見到的人，只要讓對方看到自己的臉四次，就能輕易地贏得信任與好感。

人類的心理

拜訪客戶五次以上的人，成約數量可佔全體的八成。只要第一印象良好，再增加見面次數，就會讓對方產生好感與信任。

具體的行動

在開發新客戶時，要想出一套能至少拜訪五次的策略。

只要配合對方的言行，距離就會縮短

雖然我現在能充滿自信地在大眾面前演說，但在二十幾歲時，我甚至連跟人交談都有困難。

每次為了工作去拜訪客戶時，我也常聊到一半就接不下去，無話可說，真的非常辛苦。

跟當時比起來，我現在對於交談之類的溝通方式，已經很有自信了。這是有秘訣的。注意「眼、口、身體」，就是我的對話技巧。

首先是眼睛。以前我不太喜歡看著別人的眼睛說話。因為看對方的眼睛說話時，對方也會看我，讓我很緊張。在這時，我就會數數。

數什麼？就是數對方眨眼的次數。

奇妙的是，只要開始數，即使看對方的眼睛也不太會緊張。當然我在數眨眼次數時，也都有在聽對方說話。我就靠這一招來穩定心情。如果對方很少眨眼，也可以數對方的睫毛和眉毛有幾根。

只要這麼做，你的身體就會自然前傾，讓對方覺得你有認真聆聽，交談也會更熱絡。

再來是口。在對話的過程中，雖然適時答腔很重要，不過

也要記得把對方說的內容再複述一次，跟對方同步。

比如說，對方要是提到「昨天去看電影」，你就回答：「這樣啊，你昨天去看電影啦」。只要像這樣跟對方同步，對方就會對你有親近感。

這叫做「回溯（Backtracking）」，是溝通的基本技巧之一。

最後是身體。如果身體也跟對方同步，就能拉近彼此的距離。

比方說，坐在對面的人舉起右手說「大概有這麼高」，聽的人就要一邊說「有這麼大嗎？」，一邊把左手也舉到同樣的高度。

還有，要是對方指著窗外說「大概在那附近」，聽的人就要一邊指同樣的方向，一邊回答「原來在那附近啊」。

總而言之，當我們和別人交談時，眼、口和身體都要作出反應，表現出認真聆聽的態度。

人類的心理

人類對專心聆聽自己說話的人，會抱有好感。

具體的行動

聽對方說話時，可以試著運用眼、口和身體的技巧。只要持續下去，你就會成為大家口中善於聆聽的人了。

只要配合對方的動作，就能博得好感

十七世紀法國外交官弗朗索瓦·德·卡列雷斯（François de Callières）有句名言：「最有效的說服法，就是受對方青睞。」

現在我就來介紹一些心理學技巧，讓你和初次見面的客戶交談時，能輕易獲得對方的青睞。

⑴ 鏡射（Mirroring）

這方法是要配合對方的外表、姿勢動作和身體反應。

比如背是駝的還是挺直的，手放在桌上還是大腿上，腳有沒有翹二郎腿，姿勢偏前傾還是後仰，椅子坐得深還是淺，以及手移動的方式，脖子傾斜的角度，表情、呼吸等等。雖然姿勢和動作是潛意識的產物，還是要加以配合。

⑵ 同調（Pacing）

對方聲音的音量、速度、聲調、節奏、起伏、律動、開朗、陰鬱、熱意、情感、言詞、呼吸等，都要用自己對應的部份去配合。

當對方嗓門大，講得快，我們卻聲音小，說得慢，對方就會覺得你「沒精神」、「遲鈍」。相反地，如果對方穩重又安靜，你的語氣卻很亢奮，很有活力，對方也會退避三舍。所以

你要配合對方的步調，設法營造出「總覺得這個人跟我步調很合」、「我們波長很合」的狀態。

⑶ 回溯（Backtracking）

所謂的回溯，就是鸚鵡學語。

· 跟別人對話時，重複對方上一句話的語尾。
· 使用對方在對話中使用的關鍵字回應。
· 為對方的話歸納重點，再以此回應。

如果在對方沒有察覺的情形下實行，對方會對你產生「總覺得和這個人很合得來」的印象。雖然一開始難免會不自在，不過這個技巧的好處，就是能馬上實行。

雖然效果強弱因人而異，但以我的經驗來看，應該或多或少都有效果。

而且，據說名醫使用這三招時，手腕更是嫻熟。病人訴說症狀時，醫生會跟病人同步，讓病人產生共鳴，對醫生感到放心和信賴。所謂的「善於聆聽」，就是這麼一回事。

人類的心理

人類看到有人配合自己的姿勢、動作和步調，就會抱有好感。

具體的行動

如果希望對方不自覺地對你產生好感，可以假裝不經意地觀察對方，練習跟對方的某個言行同步。

只要跟對方同步，
聆聽對方說話，就能博取信任

　　人類遇到音量、聲調、語速、步調和自己相同的人，會抱有好感。

　　只要感覺「似乎跟我很像」，就會產生親近感。

　　所以跟對方同步的話，就能營造「和那個人頻率相近」、「和那個人步調一致」、「和那個人很有默契」的狀態。

　　這種狀態在心理學上稱為「Rapport（信任關係）」。Rapport源自法語，意思是「搭起橋樑」。

　　以前我和一個擅長應付客訴電話的高手聊過。那位高手如果聽到電話另一頭的客人怒火中燒，情緒很激動，也會用激動的語氣說：「是這樣嗎！ 真的真的非常非常抱歉！」他會先配合客人的聲調、語速、步調，讓雙方的說話方式同步，再慢慢壓低聲調，誘導對方冷靜說話，對方的怒火就會平息。

　　一開始先配合對方的聲調和語速說話，再慢慢誘導對方配合自己的步調。這種技巧稱為「**同步和引導**（Pacing&Leading）」。

　　在日常生活中，也會出現類似的情況。比如你興奮地說：「前幾天我遇到非常有趣的事呢！」但對方卻用冷淡的表情在聽，你就會馬上洩了氣，心想「跟這個人講也沒用」。

　　相反地，要是對方也同樣興致勃勃地問：「是什麼事？快告訴我！」想必你一定會覺得很高興吧。

　　所以在面對顧客時，如果想在心理上建立起良好關係，只要先配合對方的聲調、心境和內心的狀態，溝通就會很順利，而且這實行起來並不困難。

- 如果對方說話速度快，我們回答的速度也要快。
- 如果對方開始邊講話邊比手畫腳，我們也要張開雙臂，讓對方嚇一跳。
- 如果對方開始喃喃低語，我們也要壓低嗓門。
- 如果對方說到開懷的事笑了，我們也要開懷地笑。
- 如果對方開始說正經事，我們也要一本正經地聆聽。
- 如果對方感到困擾，我們也要一起分擔煩惱。

　　總之，我們要先配合對方，在彼此之間搭起心的橋樑（Rapport），之後再慢慢恢復自己的步調。這樣一來，對方就容易把我們的話聽進去了。

人類的心理

　　人類遇到音量、聲調、語速、步調和自己相同的人，會抱有好感。

具體的行動

　　面對客人時，要配合對方的聲調、心境和內心的狀態，一邊跟對方同步，一邊聆聽對方的話。

模仿對方的動作，
頻率就會對上

　　和初次見面的人交談時，我都會注意一點，就是對話時的「聲調」和「語速」。

　　如果對方的聲音高亢，我會用較高的聲音說話；如果對方的聲音低沉，我說話的聲音也會降低；如果對方講話快得像連珠炮，我說話的節奏也會比平常快；如果對方講話慢條斯理，我也會慢慢說話。

　　假如對方講話時聲音高亢，滔滔不絕，我講話就像在竊竊私語，感覺就很不協調。在我的經驗中，當我遇到這種人時，也會覺得「這個人怎麼慢吞吞的」。

　　相對地，當對方顧慮周圍的眼光，故意小聲說話時，如果我們用宏亮高亢的聲音回答，感覺也很奇怪。對方可能會認為：「這個人是不太在意周遭的類型吧。說不定神經很大條呢。」

　　有種技巧稱為「鏡射（Mirroring）」，是透過模仿對方的動作，讓對方感到親近和放心。其實，如果聲調和語速能跟對方同步，也可以達到相同的效果。

　　只要讓對方覺得「這個人和我很合拍，很談得來」，也就是頻率對上了，親近感就會增加。

在這種時候，對方就會了解我們想表達的意思。這是因為雙方的頻率對上了。在頻率對上前，就算我們在交談中提出想法，也無法說進對方的心坎裡。

這一點在電話中也一樣。我接到電話時，也會仔細確認對方說話的聲調和語速。

即使看不到人，只要確認對方的聲調和語速，進行同步，對方就會在無意識間產生親近感。

除了強制、命令、緊急情況外，我們都希望和別人有良好的溝通。如果要和別人建立起互信關係，從一開始就對上頻率是很重要的。

要在短時間內讓彼此的頻率對上，具體的作法就是模仿對方交談時的聲調和語速。

只要在對方的聲調和語速上集中精神，要對上頻率其實意外地簡單。

人類的心理

人類對說話聲調和語速和自己類似的人，容易感到親近和放心。

具體的行動

和別人交談時，可以試著配合對方的音量、語速、聲調、節奏和情緒。

只要說出和對方的共通處，就容易博取好感

人類遇到和自己有共通處的人，都容易抱有好感。具體來說，像名字、生日、年齡、血型、母校、出生地、興趣等等，都可能成為共通處。

而且，有心理學的實驗已經證實，如果對方和自己同一天生，即使是來自陌生人的請求，答應的機率依然很高。另外，也有實驗結果指出，遇到名字和自己相似的人提出請求時，答應的機率一樣很高。

既然人類對於和自己有關聯性、類似性、共通性的人容易有好感，代表你只要和顧客有某種「關聯性」、「類似性」和「共通性」，顧客也會對你有好感。

社會心理學家R.B.喬汀尼（Cialdini）在著作《出一張嘴就夠了：50條讓你溝通順利、商品狂賣的科學方法》（林宜萱譯、高寶出版）中，曾提出以下的觀點：**「如果要得到顧客的正面回應，最好找名字、信念、出生地、母校等和顧客類似的人負責推銷，效果會更好。」**

想找出和客人之間的「關聯性」、「類似性」和「共通性」時，我會利用「天興新旅熟家建工食衣住行」。這個口訣

是用跟客戶交談時，能拿來當話題的關鍵字排列而成的。

「天」是指天氣、氣候。

「興」是指興趣、嗜好。

「新」是指新聞。比如時事、經濟、體育等等。

「旅」是指旅遊。聊旅遊的經驗。

「熟」是指熟人、朋友。

「家」是指家庭。

「健」是指健康、身體、疾病。

「工」當然是指工作。

此外，食衣住行也能成為話題。

如果跟初次見面或聊不太起來的人交談時，只要照這個順序找話題，應該就不愁沒話聊了。我和初次見面的人交談時，都會一邊拋出這些話題，一邊尋找雙方的「關聯性」、「類似性」和「共通性」。

人類的心理

人類對於跟自己有關聯性、類似性、共通性的人，容易抱有好感。

具體的行動

按照「天興新旅熟家建工食衣住行」的順序拋出話題，會更容易找到出生地、母校、生日、年齡、血型、興趣等共通處。

從自己好的一面開始介紹，
會給對方好印象

人會在瞬間捕捉到對方的整體形象，產生像是「這個人似乎很親切」、「看起來值得信賴」、「感覺不太舒服」等等的粗略印象。目前已得知這種印象會隨時間逐漸加深。這就是所謂的「**初始效應**」。

而且，如果從一開始就對某個人產生「這個人好像很親切」的印象，我們就會開始收集能確定對方「很親切」的資訊。不管是對方的措辭、表情，或是不經意的小動作，都會讓我們更確信：「沒錯，這個人果然親切又溫柔」。

相反地，如果一開始就對某個人留下「這個人好像很壞心」的印象，就會開始蒐集能證明對方「不友善」的線索。即使是對方出於好心說的話，我們也會認為：「他背後可能有什麼陰謀。」

總之，人類會為了「這個人好像很親切」、「這個人好像很壞心」的第一印象，蒐集能佐證的資訊，以確認自己是對的，從一開始就想得沒錯。這就叫做「**確認偏差**」。

所以想留下好印象的話，第一印象非常重要。有個「艾許

印象形成實驗」，就和這原理有關。這是由波蘭的心理學家所羅門．艾許（Solomon Asch）於一九四六進行的實驗。

在實驗中，他展示兩個關於某虛構人物的列表，再請受試者回答看完的印象。

⑴「充滿知性、靈巧、勤奮、溫暖、果斷、務實、謹慎小心」

⑵「充滿知性、靈巧、勤奮、冷漠、果斷、務實、謹慎小心」

從結果來看，回答對⑴的印象較好的人居多。

接著，他又展示另外兩個列表。

⑴「充滿知性、做事勤奮、容易衝動、喜歡批評、嫉妒心強」

⑵「嫉妒心強、喜歡批評、容易衝動、做事勤奮、充滿知性」

從結果來看，如果像⑴一樣從好的特點先列，對這個人的印象就會變好；如果像⑵一樣從壞的特點先列，對這個人的印象就會變差。

人類的心理

如果一開始先表現好的特點，對方就會產生好印象；如果先表現壞的特點，留下壞印象的人就會變多。

具體的行動

如果對初次見面的人做自我介紹，或是透過別人介紹自己，一開始要先表現自己好的一面（但太強調的話，聽起來又會像自誇，一定要小心）。

寒暄時多說一句話，
印象就會加深

談完生意後，我們通常會說：「那就靜候您的回覆。」

這時如果多說一句：「那就靜候您的回覆。很期待能和您合作！」對方就會留下深刻的印象。

當知道只要多一句話，就能讓對方印象深刻後，我也開始在做「基本寒暄」時儘量「多說一句話」。

比如說「初次見面，我是酒井利夫」時，我會多說一句，變成「初次見面，我是來自新潟的酒井利夫，一直很期待今天能見到您」。

還有說「今天非常謝謝您」時，我也會改成「今天非常謝謝您。承蒙貴公司的邀約，真是非常榮幸」。

由於很多人都只做「基本寒暄」，所以當你「多一句話」，對方就容易留下深刻的記憶。

另外，除了說「今天非常謝謝您。承蒙貴公司的邀約，真是非常榮幸」外，還可以握個手。在心理學的「**接觸效應**」加成下，不但會留下深刻的印象，更能增加信任感。

天氣好的時候，如果多說一句「今天天氣真好」，對方就會回答「是啊！」。像這樣誘導對方說出「是啊＝是＝Yes」，

就成了「**YES誘導法**」。YES誘導法常用在提升閒聊的能力上，可以讓印象變好。

如果把句子加長，變成「今天天氣真好，看來演講會很順利」，就可以給對方下暗示。

天氣好和演講順利並無關聯，卻被綁在一起。這種講法稱為「**連結法**」。把「事實＝天氣好」和「暗示＝演講順利」連結後，對方就會在無意識中接受這個暗示。

這麼微不足道的一句話，卻能成為關鍵，讓才剛見面幾分鐘的人對自己留下印象，產生信任與好感。如果你也想讓溝通能力更上層樓，可以參考看看。

人類的心理

跟第一次見面的人寒暄時「多說一句」，不但容易讓對方留下深切印象，還能進一步引導出 YES 或下暗示。

具體的行動

第一印象在短時間內就會形成，最好先想幾種和初次見面的人寒暄的方式。

跟對方握手，
更容易得到認可

在法國曾做過一場心裡實驗，內容是在街上問陌生的行人：「可以借我一點零錢嗎？」

你覺得會借錢的人大概佔幾成？

根據結果，如果是用一般的方式拜託，只有28%的人會借。

那麼，如果是一邊輕輕碰觸對方的手肘，一邊問：「可以借我一點零錢嗎？」你覺得答應的機率又會是多少？

據說竟然上昇到47%。

此外，在其他的心理學實驗中，也證實碰觸對方會帶來以下的效果：

　・外貌看起來更出色。

　・對初次見面的人產生正面的印象。

　・緩和病患的壓力。

大阪瓦斯行動觀察研究所的松波晴人所長，也曾在著作中提到增加回頭客的必要條件：

「在找錢給我時，那位工作人員稍微碰到我的手。有證據顯示這個行動是有效果的。手有沒有被碰，客人其實不會記得

那麼清楚。不過有手部的接觸，客人的滿意度會提高。而且實際上也有實驗數據證明，這樣收到的小費比較多。」（《為業務員而寫的行動觀察入門（暫譯）》 講談社現代新書）

如果想「碰觸」對方，一般都是透過握手。我自己也經常這麼做。

講師這一行，是個意外需要孤軍奮戰的職業。
例如，我通常都是到演講當天，才會和主辦人打照面。至於演講會場，我也常常是活動當天才第一次去。跟第一次見到的人，在第一次去的地方見面，還要馬上建立互信關係，不然開講前的準備工作、流程安排和討論會議，都無法順利進行。
所以我和第一次見到的人，會有九成的機率握手。我通常是交換名片後就立刻伸出手，對方也會反射性地馬上伸手。
在我們握手的瞬間，對方會顯得有點吃驚，表情也會頓時柔和不少。

人類的心理
碰觸對方的行為，不但可以提升好感和信任，還能讓自己的外表看起來更出色，給人的印象也更好。

具體的行動
在談生意或接待客人時，只要有機會握到手，就要積極去握。找錢給客人時，最好也要用雙手遞出去。

一旦握過手，
說謊的機率就會下降

曾經有人針對握手的效用做過實驗。

在介紹某個人時，實驗者分別使用以下三種方式：

(1) 遮眼，不握手，只說話。

(2) 不遮眼，不說話，看對方。

(3) 遮眼，不說話，只握手。

如果是你，會對哪個人的印象最好呢？

根據實驗結果，用(1)和(2)的方式介紹的人，讓受試者大都留下「只重形式」、「冷冰冰」的印象，負面評價偏多。

至於用(3)的方式介紹的人，受試者大部給予「很溫暖」、「可以信賴」的正面評價，由此可見握手的功效不容小覷。（出處：《心理陷阱（暫譯）》、樺旦純著、王樣文庫）

所以剛出道的偶像會舉辦「萬人握手會」，在活動上不斷和粉絲握手，是很有道理的。

話說回來，除了藝人外，也有人會在拜託別人時握手。

沒錯，候選人在競選期間也時常握手。那些政治人物可能是從經驗中學到握手的效用吧。

除了藝人和政治人物外，你也可以在以下的場合中，靠握手得到粉絲：

- 在交換名片時握手。
- 邊說「謝謝」，邊輕輕握手。
- 邊說「好開心！」，邊握手。
- 趁找零時用手遞出錢。
- 以「幫你看手相」為由握手。

這些其實也是我平常會做的事。在交換名片時，我有九成九會握手。只要一握手，本來因為初次見面而緊張的人，表情也會瞬間變柔和。

此外，也有實驗結果顯示，一旦握過手，對方說謊的機率就會下降。

大家都知道，日本人很排斥需要肢體接觸的溝通方式，不太願意碰觸別人。

就是因為這樣，「區區的握手」才會造成巨大的差異。

人類的心理

一旦握過手，產生「溫暖」、「值得信任」等正面印象的人就會變多。

具體的行動

當交換名片，感到很開心，或是想表達謝意時，請不要害羞，主動去握手吧。

把位子換到對方身旁，心理距離就會縮短

　　我們每個人的身體四周，都有看不見的私人空間。這就是所謂的「**個人空間（Personal Space）**」。

　　如果個人空間被別人侵入，我們會感到不快、厭惡，並產生壓力。美國的文化人類學家愛德華・霍爾（Edward Hall），把個人空間分為以下四類：

　　⑴ 親密距離（0〜45公分）

　　這是能輕易碰到對方身體的距離。家人或情侶之間就是這種距離。如果家人和交往對象以外的人接近到這種距離，我們會感到不快，產生壓力。

　　⑵ 個人距離（45〜120公分）

　　這是親密朋友在交談時會有的，伸手就能碰到對方的距離。

　　⑶ 社交距離（120〜360公分）

　　這是無法碰到對方身體的距離，大概是上司和部下談工作時的間隔。

　　⑷ 公眾距離（360公分以上）

　　這是在大型的會議、集會、演講等場合上的距離。

　　我們坐在空蕩蕩的電車裡時，會保留⑶社會距離以上的空間。當車廂內擁擠時，我們會碰觸到旁邊的人，而親密距離內

有陌生人存在，會導致壓力產生。因為身體之間的距離，會對心理狀態造成影響。

不過這種距離和心理的關係要是使用得宜，也能有助於建立良好關係。

例如和客戶談生意時，大都是以社會距離（120～360公分）來洽談。但如果彼此間還沒產生親近感，不妨刻意縮短社會距離，進入對方的個人距離（45～120公分）。

可以趁展示資料時，移動到對方身旁的位子，一邊說「請看這裡一下」，一邊指著對應的地方進行解說，這樣就能縮短跟對方的距離了。

如果在解說完商品後，一邊說「請實際拿在手上看看」，一邊把商品放到對方手上，也可以縮短彼此的距離。

人類的心理

人與人之間只要感情好，距離就會拉近。反過來說，當雙方的距離縮短時，也容易變得親近。

具體的行動

可以刻意採取行動，縮短彼此的距離，比如移到對方身旁的位置，親手遞出商品，一起做準備等等。

如果聊得愉快，
就能留下好印象

儀容得體的人，看起來性格就好。雖然性格和儀容是兩回事，人類卻容易把這兩者放在一起判斷。

而且電視廣告也會用這種手法，讓觀眾不自覺地將代言藝人和商品結合，產生美好的印象。舉例來說，我在電視上看到能量飲料和擔任品牌代言人的兩位年輕演員，在山川間恣意奔跑的畫面。在那之後，能量飲料常伴隨演員們充滿活力的形象，從潛意識中浮現，讓我在工作時不禁會想：「到了關鍵時刻，一定要喝那個補充能量。」

然而，除了喚醒正面的記憶外，如果公司爆發醜聞，產品也會給人品質低劣的負面觀感。

在以上這些例子中，明明是不相干的事物，人類卻會在無意間把兩者的形象連在一起。這種現象叫做**聯結原則**。「聯結原則」也適用於日常的話語，以及說這些話的人。

例如，假使有人常把「傷腦筋」、「我投降」、「這樣不行」掛在嘴上，當你和這個人的對話次數一多，就會把他和「總是在煩惱」的形象連在一起。

那個人可能只是把「傷腦筋」當成口頭禪，但聯結原則會發揮作用，讓別人無法對他產生好印象。到後來，周遭的人或

許會覺得自己的工作運也被拖累，自然就疏遠了那個人。

除了一般的人際關係外，就連在部落格和社群媒體上，只要負面內容一多，讀者也會自動遠離。

人類通常都喜歡會帶來「快樂訊息」的人，所以在交談中或社群媒體上，如果你能帶來像是「今天遇到好事！」、「有件事真有趣！」的話題，就能讓對方留下好印象。

在平常的溝通上，如果能注意用字遣詞，多說一些「天氣很好，心情真舒暢」、「下雪後變得很冷，但空氣很清新，真是個愉快的早晨」、「很期待能見到你」、「相信這個企劃一定會很有趣」之類的話，就能給人樂觀積極的印象。

由於聯結原則是讓兩種人事物連結在一起，製造出某種錯覺，如果你的形象很負面，會讓你隸屬的團體也受到連累，形象變差。

人類的心理

一個人平時的發言，會直接和本人的形象重疊。

具體的行動

不管外表、言談，還是在社群媒體上發表的訊息，最好都要積極正面。

臉上常保笑容，
工作就會增加

　　有人看了我的臉書後說：「酒井先生都笑咪咪的，真令人驚訝！」的確，我在社群媒體上發文時，基本上都只放有笑容的照片。

　　我的名片上也是放有笑容的照片。看了名片後說「你真是笑容滿面」的人，可不只十幾二十個而已。

　　其實，我直到三開頭的年紀，都還常常擺出眉頭深鎖的苦瓜臉。

　　等到學了心理學，知道擺著苦瓜臉沒有任何好處後，我的笑容就變多了。隨著笑容變多，工作的邀約也增加了。

　　在《客家大富豪告訴我們的事（暫譯）》（甘粕正著、PHP研究所刊行）一書中，曾有這麼一句話：「**笑容是不花半毛錢的最佳戰術。**」

　　這真是至理名言。

　　我有位朋友叫高橋浩士，是以名古屋為據點活動的當紅顧問。高橋老師本來是在專門學校裡教平面師設計的教師。

　　他告訴我做廣告設計時，什麼東西吸睛效果最好。

　　答案是「靜物→自然→動物→人臉→嬰兒的笑容」。

箭頭越往右，代表越能引人注目。

所以說，不論是傳單、夾頁廣告、網站，還是社群媒體，如果想引發讀者的興趣和關注，最適合的不是花草、食物、自然風景或動物的照片，而是「人臉」。其中要屬笑容的效果最好。

聽了高橋老師的見解後，我開始在自己的名片、網站和社群媒體上，使用有笑容的照片。
在那之後，我的演講邀約就不斷增加。

人類的心理
人類有追求安全和安心的欲望，所以會不自覺地靠近面帶笑容的人，遠離表情憤怒、凝重或沮喪的人。

具體的行動
在資深的業務員中，有人會在公事包中放手鏡，隨時檢查自己的表情。笑容是不花半毛錢的最佳戰術。

常照鏡子，
就會越來越有魅力

心理學上有個說法：「如果不看鏡子，就會變成無精打采，對一切漠不關心的人。」

常照鏡子的人，會更在意周遭的看法。這叫做「**公眾自我意識**」。

據說「公眾自我意識」強的人，熱衷於讓自己看起來有魅力，會經常照鏡子，結果本身就變得越來越魅力。

相反地，實驗結果也顯示，如果一個人不照鏡子，就會對自己的容貌和周遭的事物越來越不關心，最後變得無精打采。

所以，如果想讓自己成為有魅力的人，就要「照鏡子」。

要充實自己的內在，需要靠信念、意志和經驗，但要雕琢「自己」的外表，卻只需一面鏡子就好。

我認識的頂尖業務員和負責接待客戶的人，都習慣隨身帶著鏡子，確認自己的儀表。

業務是要和人來往的工作，所以自我特色通常不宜太強，但也不必堅持正式的穿著，配合對方的外表也很重要。

很久以前，當我還在經營廣告公司時，每次只要是提交比稿用的設計案，我都會跟上班族時代一樣，穿西裝打領帶去向

客戶簡報。不過在當時的廣告界中，比起上班族的西裝，穿業界常見的服裝更有創作者的感覺，客戶的接受度也更高。

　　自從發現這一點後，我在比稿上勝出的機率就變高了。

　　我就在那個時候，學到配合對方的「外表」，在商場上也是很重要的。

人類的心理

　　如果不照鏡子，會變成對自己的儀容和周遭的事物漠不關心，有氣無力的人。

具體的行動

　　業務員和負責接待客人的人，最好養成隨身攜帶鏡子，檢查自己儀容的習慣。

哪種感官比較敏銳，
因人而異

　　人類在認知事物時會使用五感，也就是視覺、聽覺、觸覺、嗅覺、味覺，但運用方式卻因人而異。

　　例如，在看書時腦中會浮現「畫面」的人，是視覺優位；能聽到「聲音」的人是聽覺優位；能感覺重量、氣味或味道的人，是身體感覺優位。每個人都有自己的慣用感官，也就是主要使用的感官。

　　所以，對視覺優位的顧客說明商品時，與其說「這件洋裝穿起來很合身」，不如訴諸視覺，改說「看起來很美」會更有效。

　　對聽覺優位的人，則可以說：「相信您的朋友也一定會說好看！」

　　對身體感覺優位的人，與其詳細解釋商品的功能，不如直接說「請拿起來感受那種觸感」、「請嚐嚐看這個味道」、「請您親自坐坐看，體會這種高級感」，相信對方會更能理解。

　　至於什麼字眼對哪種類型有效，則分別整理如下：
⑴ 對視覺優位的人
看、看起來、整體看來、明亮、陰暗、觀察、點亮、倒

映、出現、清澈、清晰、耀眼、模糊、鮮明、發光、豪華。

⑵ 對聽覺優位的人

聽、說、低語、商量、歌唱、喊叫、響徹、說明、安靜、聲音、節奏、和諧，鳴叫、配合、讚賞、傾聽、刺耳、有韻律感、熱鬧、音量。

⑶ 對身體感覺優位的人

感覺、觸碰、溫暖、冰冷、掌握、捕捉、搔抓、撫摸、推動、光滑、牢固、乾燥、潮濕。

跟初次見面的人進行簡報或交涉，我們通常不知道對方是哪種優位感官。所以，這時與其說「很榮幸能為您介紹」，不如改說「很榮幸能為您介紹，您可以聽聽解說（聽覺），看看資料（視覺），感受一下這個服務的優勢（身體感覺）」，將三種感官類型穿插在說明中會更好。

另外還有簡單的分辨法：講話很快，重視穿著的人是視覺優位；愛賣弄學識，講究用字遣詞的人是聽覺優位；說話慢條斯理，衣著寬鬆的人則是身體感覺優位。

人類的心理

吸收資訊的方法因人而異，大致可分為視覺優位、聽覺優位、身體感覺優位。

具體的行動

可以試著配合不同的感官類型，調整商品或服務的呈現形式，以及說明方式。

觀察一個人的視線，
就能看出他的想法

　　雖然並非所有人都適用，但人類的視線在移動時，往往是在讀取腦內的某個部分。至於是對應哪裡，則大致列舉如下：

- 視線往左上移動＝讀取過去的視覺記憶（影像）
- 視線往右上移動＝讀取創造的未來視覺記憶
- 視線往左移動＝讀取過去的聽覺記憶（聲音或言語）
- 視線往右移動＝讀取創造的未來聽覺記憶（聲音或言語）
- 視線往左下移動＝讀取內在的對話（過去的感情和記憶）
- 視線往右下移動＝讀取身體感覺

　　這叫做「Eye Accessing Cues（視線解析）」（這些都是右撇子的情況。視線方向是指對方視線移動的位置）。

　　所以，只要觀察眼前的人的視線，就會知道對方這一刻正在讀取腦內的哪個部分。

　　如果顧客的視線經常往上，代表那一刻對方很可能在想像某個畫面或影像。遇上這樣的客人時，與其用口頭說明，讓對方讀資料，不如直接秀出商品的照片或圖畫，接受的機率會更高。

如果顧客的視線左右移動，代表對方的大腦容易讀取聽覺資訊。讓對方讀資料，有條理地說明，或是分享其他顧客的使用心得，對方會更容易接受。

另外，當你在提問或交談時，如果顧客的視線往下，就代表對方正透過身體感受，或是跟內心對話，這時最好不要太過催促，給顧客一些時間思考。

遇到這種顧客，如果用親自體驗的方式（如試吃、試乘、體驗、參加等等）進行推銷，相信更能打動對方的心。

人類的心理

人類此刻正在讀取腦內的哪個部分，都會表現在視線的方向上。

具體的行動

觀察顧客的視線移動，看是要訴諸視覺（影像），聽覺（言語或聲音），還是身體感覺（體驗）。

對說話的內容有興趣，
視線就會上下移動

　　我來介紹一些在商務洽談或接待客戶時，能透過一些不經意的小動作，掌握對方心理狀態的方法。

　　⑴ 眼睛的移動
　　如果對說話的內容有興趣，視線會上下移動。對方會以我們的頭部和胸口一帶為中心，邊聽邊上下移動視線。如果沒有興趣，視線會因為不安和緊張而左右擺盪。

　　⑵ 口
　　如果對說話的內容有興趣，嘴巴會微微張開，牙齒若隱若現。相反地，如果嘴巴緊閉，就代表沒興趣，或是感到不安和緊張。當不安和緊張到達頂點時，嘴唇會更往內抿。
　　此外，如果說話時以手掩口，或是用手帕頻頻遮嘴，就代表對方想隱瞞謊言，卻表現在態度上。用指尖輕搔嘴邊和嘴唇，也是代表對方想隱瞞謊言，卻在無意間露了餡。

　　⑶ 鼻子
　　人類一旦說謊，緊張的情緒就會升高。除了喉嚨外，連鼻黏膜也會變乾燥，讓人忍不住想摸鼻子。因此，如果對方常伸

手摸鼻子，代表他很有可能在撒謊。

⑷ 腳

離臉部越遠的地方，越容易出現無意識的動作，所以要注意腳尖的方向。腳尖朝向哪一方，就代表對那個方向有興趣。如果對方的腳尖偏離你，朝著門的方向，就代表隊方很想快點離開這個房間。

除此之外，人類在感到不安、不快、恐懼，或是想消除某種失敗時，會做出名為「安撫行為」的動作。像是碰觸自己的喉頭，女性撥弄脖子上的項鍊，摩擦額頭，頻頻用手觸摸脖子、臉頰和臉，以及摩擦膝蓋等等，都可以視為安撫行為。

人類的心理
人類會把真正的想法，表現在言語以外的動作上。

具體的行動
練習觀察交涉對象的動作，推測對方的心理變化。

把決定權交給對方，
對方就會自己開始思考

以下是某個心理學實驗的內容：

實驗方找來一些大學生當陪審員，對他們講述一個犯罪少年的故事。少年名叫強尼，他在非蓄意的情況下，犯了二級謀殺罪。在這場實驗中，這些大學生要來決定強尼的刑期。

有律師幫強尼辯護。他向其中一組的大學生說：「強尼是非常溫厚的少年。」

在這裡，律師斬釘截鐵地斷定強尼的性格。

後來他又對另一組的大學生說：「你們不覺得強尼是個很溫和的少年嗎？」

在這裡，律師是以反問的方式，由學生自行判斷強尼的性格。

那麼在這場實驗中，前者和後者決定的刑期長度會不同嗎？

從結果來看，後者容易判處較短的刑期。

主持本實驗的研究者吉爾曼（Gilman）表示，用問句就等於把決定權交給對方，會讓對方的感覺很好。

此外他也做出結論，認為如果用斷定的說法，會給人強勢主導的印象。

的確，要是有人篤定地說「你該這麼做！」、「這要這麼做！」，任誰聽了都會想反駁。舉例來說，當顧客在店裡聽到販售員推銷：「這商品非常棒，絕對買到賺到，您應該現在就下決定。」難免會有抗拒感。

這時與其強調「這是好商品！」，倒不如反問「不覺得這是好商品嗎？」，交給對方自行做結論。

同樣的道理，與其說：「這有助於降低成本！」，倒不如問對方：「不覺得這有助於降低成本嗎？」這樣對方會覺得決定權在自己手上，而被賦予決定權的人，就會自行思考這項商品的優點和益處。

不去斷定或強迫，而是去請教對方的意願，詢問對方的想法。對方覺得自己能做決定，就會感到心服口服。

人類的心理

以反問的形式交給對方做決定，對方就會把這當成自己的事開始思考。

具體的行動

對厭惡強迫、命令、斷定的客人，可以試著反問「不覺得○○嗎？」，讓對方自己做決定。

想到是自己的選擇，就會覺得更有價值

有個實驗以彩券為工具，對人類選擇時的行為特徵進行檢證。實驗方準備以下兩個選項，要數十名受試者回答哪種做法比較會中獎：

(1) 由受試者自行決定，自行購買一張一美元的彩券。

(2) 給受試者一張事先準備的一美元彩券。

後來，實驗方對雙方說要買回彩券，選(1)的人答九美元，選(2)的人答二美元。

從這個實驗可以得知，人類容易有「凡是自己決定、挑選、採用的，都是好東西」的認知。自己選的，比別人選的更有價值。這在心理學上有個名詞，叫**控制錯覺**。

這個心理法則，經常被用在接待客人或進行交涉上。

例如，推銷時與其說「這個絕對推薦」，不如問「您覺得哪個比較好？」、「您比較喜歡哪個？」，透過讓客人選擇，提高他們的購買意願。

至於在餐廳帶客人入座時，也可以說：「這邊和那邊都有空位，請問您要坐哪一邊？」讓客人決定自己坐哪裡，滿意度會更高。

　　然而，在選項的數量上，也是有心理法則的。大家比較熟知的是「**極端性迴避**」，別名「**松竹梅法則**」。

　　我在第一章的005項也解說過，當人類面對三個選項時，常會選擇中間的選項。如果把菜色相似的便當，分成松級430元，竹級320元，梅級215元的話，顧客大多會選擇中間320元的竹級便當。

　　這是因為「貴的太奢侈，便宜的感覺又廉價」的心態在作祟。

　　這裡要注意的是，如果想把「極端性迴避」用在工作上，選項數只能三個。如果超過四個，客人判斷時會產生猶豫，無法當場做決定。

　　另外，選項如果是兩個，便宜的一方會給人划算的感覺，導致較貴的另一方容易賣剩。

　　所以，最好的推銷法就是問顧客：「我們有三種價格，請問您要選哪一種？」 並且把最想賣的商品，設定成中間的價格。

人類的心理

　　人類容易覺得自己決定和選擇的，都是好的。

具體的行動

　　提供顧客選項，由對方自行決定。

記住5W1H原則，就能不斷聊下去

在閒聊或交談時，用「開放式問題（Open Question）」和用「封閉式問題（Closed Question）」溝通，兩者結果會截然不同。

所謂的開放式問題，就是接受質問的人必須說明的問題。至於封閉式問題，就是用「是」或「不是」就能回答的問題。

經常有人抱怨「話都接不下去」，這種人大多是用封閉式問題。以下就是一例：

「你一個人嗎？」

「對。」

「菜上得有點慢呢。」

「是啊。」

「這家店你常來嗎？」

「對。」

「……（沉默）」

大致上就是這種感覺。

而相對地，擅長聊天的人就常用開放式問題。

「這家店有哪些料理比較好吃？」

「這裡的沙拉不但新鮮，蔬菜種類也非常豐富，很好吃。聽說那些菜，都是契作農家每天早上親自送來的。我最期待吃

到的料理之一就是沙拉。」

「你當初為什麼會成為這家店的常客？」

「以前來參加朋友的慶生會時，就覺得這家店的料理很不錯，服務生的態度也很敬業，留下很好的印象。自從那次以後，我每個月都會來吃個幾次。」

　　開放性問題的訣竅，是提問時要記得5W1H（「時間」、「地點」、「人物」、「內容」、「原因」、「方法」）的原則。以下是一些例子：

「為什麼你知道那件事？」

「在哪裡見到的？」

「跟誰一起去的？」

「你喜歡什麼？」

「當時為什麼想去那裡？」

「要怎麼做才能拿到那個？」

　　你可以用類似的問題起個頭，讓對方開始說是和不是以外的話。只要在這種小地方上用點心，溝通的過程就會變得順利很多。

人類的心理

提問和回答的方法，會改變對話的內容。

具體的行動

想讓對話持續下去，可以在提問時刻意用開放式問題。

把命令句改成問句，
對方更容易接受

人類對命令和規定會產生排斥，對拜託和請求卻樂於傾聽。

「安靜！」、「保持安靜！」、「我要你們安靜」

這些都是命令。命令有時會讓對方感到不快，所以經常會遭到拒絕。

那如果換成以下的說法，又會怎樣呢？

「可以請你們安靜嗎？」、「可以再稍微安靜一點嗎？」、「能不能請你們把音量降低一點？」

不覺得這樣聽起來比較不像命令，讓人更容易接受嗎？

這是一種名為「**插入命令**」的話術。

有用到插入命令的說法，其實全都包含「命令」。雖然那些句子的意思就等同「我要你們安靜」，但特色就是以問句來表達命令。

我在演講時，偶爾會想請聽眾到台前來。這時我不會說「請到台前來」，而是改問：「可以請你到台前來嗎？」

當我想要聽眾舉手時，也會說：「可以請你舉手嗎？」

如果在商場上遇到刁鑽的客戶，或是難以溝通的對象，就能運用插入命令的提問法。

不說「請您試穿」，而是改說：「可以請您試穿一下嗎？」
不說「請考慮一下。」，而是改說：「可以請您在下週前，積極考慮一下是否採用呢？」

只要像上面那樣，在提問的糖衣裡包進要求和命令，對方就不會有「受到命令」的強迫感，更樂於接受「試穿」、「考慮」的建議。

人類的心理

把想拜託、想命令的事包進問題，就是名為「插入命令」的遊說方式。

具體的行動

可以試著在溝通中使用插入命令，比如「可以請您○○嗎？」、「可以請您試試看嗎？」、「可以請您考慮考慮嗎？」。

只要說話時講出前提，對方就會被前提引導

「接下來，我要告訴各位對生意有幫助的資訊，請從明天開始活用看看。」

在這句話中，有用到名為「**前提**」的技巧。

用這種方式傳達，聽眾會把注意力放在「活用」上，在潛意識中將「接下來聽到的內容，會對生意有幫助」當成前提。

我演講到一半時，會對聽眾說：「內容可能有點難，不過就算現在聽不懂也沒關係。」

這種講法，是以「就算現在不懂，以後也會懂」為前提。

等演講快結束時，我也會說：「請把我今天講到的內容馬上用在工作上，實際感受那些效果。」

這樣也能讓聽眾把注意力放在「實際感受」上，「今天講的內容對工作有用」的訊息，也能傳進潛意識裡。

業務的負責人問：「您希望什麼時候交貨？」也是把「交貨」當成前提的商場話術。

研習會的講師問參加者：「你們沒發現自己成長很多嗎？」也是以參加者能透過研習會獲得「成長」為前提。

發表簡報的人說：「想必您應該很在意，這項服務對降低成本究竟效果有多大……」也是以「對降低成本有效果」為前提。

購物節目提醒觀眾：「如果打不進客服中心，麻煩您再多試幾次。」也是以「會打電話」為前提。

在本書的「前言」中曾寫過：「希望各位能活用在業務上，實際體會這些技巧的效果。」這當然也是前提。

人類的心理

說話時運用「前提」的技巧，對方就不會產生排斥，把我們想傳達的訊息聽進去。

具體的行動

學會如何運用行銷話術，讓客人把購買當成前提。

每個請求都附上理由，
對方就容易答應

拜託別人時有「理由」的話，對方比較容易答應。相信這一點大家都明白吧。

假設你心想「今天好想喝一杯」。這時你可能對同事說「今天我要去喝一杯！」，或是說「今天朋友找我，我要去喝一杯！」。這兩種說法中，後者更容易說出口，同事也更容易了解。

即使是「朋友找我」這種無關緊要的理由，都能讓行動正當化。

有個心理學的實驗，正好能證明這一點。

大家在排隊用影印機時，受試者跑到隊伍前頭插隊，再分別用以下三種方式拜託別人：

(1)「只提要求」模式

「我有五張要影印，可以讓我先用嗎？」

(2)「附上真正的理由」模式

「我有五張急著要影印，可以讓我先用嗎？」

(3)「附上似是而非的理由」模式

「我有五張必須影印，可以讓我先用嗎？」

後來實驗結果出爐，⑴答應的機率是60％，⑵是94％，⑶是93％。令人驚訝的是，「必須影印」明明不成理由，⑶的答應機率竟然也很高。

換句話說，人類只要有個理由，拜託別人就會容易成功。
所以當你有事要拜託別人時，與其只說「可以請你幫我○○嗎？」，不如把理由和請求組合在一起，改成「因為○○，可以請你幫我○○（請求）嗎？」，這樣對方會更容易答應。

我再舉一些例子：「發育中的孩子不能缺鈣（理由）。每天早餐最好都要喝杯牛奶！」、「目前正值優惠活動期間（理由），建議您最好在本週內簽約」、「我很推薦這個款式。在針對二十～二十九歲女性的問卷中，這是排名第一最受歡迎的（理由）」、「因為里程數未達十萬公里，能折抵的金額會更高（理由），現在正是賣掉的好時機」、「現在正是購買的好時機（不成理由的理由），請務必考慮一下」。以上這些說法，都能提高推銷的效果。

人類的心理

有沒有理由，會改變對方是否答應的機率。

具體的行動

當進行銷售或交涉時，言談中最好包括理由，例如「這項商品很值得推薦，因為……」。

同時提出兩個要求，對方就會難以拒絕

據說人類遇到組合在一起的要求時，會更難拒絕。

例如，比起要求「去買東西！」，不如要求「整理完腳踏車後，去買東西！」，這樣對方會更難拒絕。

你也可以試著對身旁的人說：「拿我的包包，放到桌子上。」

結果如何？

你身旁的人應該有把包包放到桌上了吧？

這是因為一個要求要拒絕很簡單，但兩個要求都拒絕就會不好意思，甚至產生抗拒感。

此外，拿前面的例子來分析，會出現以下的組合：

「答應整理腳踏車，答應去買東西」

「答應整理腳踏車，拒絕去買東西」

「拒絕整理腳踏車，答應去買東西」

「拒絕整理腳踏車，拒絕去買東西」

　　還有一種說法是，如果針對以上四種組合考慮得失，進行判斷，思考過程會太複雜，所以人類想儘量避免。

　　當然在銷售、交涉、指導的場合中，這種技巧也很有效。

　　在商品試吃會上，與其說「請嚐嚐這個味道」，不如改說「請拿起來嚐嚐味道」會更好。

　　在拜託客戶時，與其說「請務必考慮採用」，不如改說「請您看過企劃書後，能務必考慮採用」會更好。

　　當然如果能更進一步，可以說「這是對降低成本非常有效的企劃書，請您看過後能考慮採用」。這樣搭配第150頁所介紹的前提技巧一起使用，效果是最好的。

人類的心理

　　只有一個要求時，人類很容易判斷，但要求如果疊加，人類就會很難判斷，變得不容易拒絕要求。

具體的行動

　　在提出要求時，可以用「請先做Ａ，再做Ｂ」的講法。

人類如果感興趣，瞳孔就會擴大

　　有部電影可以當成推銷術的範本，那就是由艾爾帕西諾主演的《大亨遊戲（Glengarry Glen Ross）》。主角是四名任職於紐約房地產公司的上班族，分別是曾為頂尖房仲，如今卻風光不再的列文（Levene），愛發牢騷又業績不好的莫斯（Moss）和阿羅諾夫（Aaronow），以及總是冷眼旁觀這三人的業績冠軍理查德·羅瑪（Richard Roma）。

　　在某段劇情中，艾爾帕西諾飾演的里奇·羅瑪在酒吧的吧檯一邊喝酒，一邊接近身旁的陌生酒客，最後竟成功賣出位於度假勝地的房產。以下是他的推銷手法：

　　里奇一開始完全不談工作，而是假裝喝醉，用彷彿對朋友的口吻不斷暢談日常生活、社會、女人等無關緊要的事，藉此消除對方的戒心。這在心理學上稱為「**建立信任關係**」，也就是跟初次見面的人建立良好關係。里奇在這個階段花了很多時間。

　　這是因為他知道，如果劈頭就對剛認識的人解說商品，只會遭到拒絕。

　　而且在交談中，里奇還用看似不經意的態度，一下說：「生病、股價暴跌、航空事故？人生苦短，就算擔心這些也無濟於事吧。」一下又說：「存錢幹嘛？一點用也沒有。大家

都因為不安才存錢，但這麼做根本沒意義，反正又帶不進墳墓裡。」他是想用這些話，消除對方「不安的心情」。

後來里奇再次借著酒意說：「股票、藝術品、房地產都只是一個機會，一個賺大錢的機會。」他想透過這句話，傳遞房地產將帶來機會的訊息。

等到時機一成熟，里奇就說：「對了，你看看這個，我自己是沒什麼興趣啦……」，並攤開目錄的封底，上面就印著度假勝地的風景。當他確定對方看到後瞳孔擴大，就接著說：「那我來說明一下這個物件好了……」

當人類遇到有興趣的人事物時，瞳孔就會擴大，所以在進行販售時，仔細觀察對方的眼睛是非常重要的。當對方沒興趣時，解說商品也只是白費力氣。像里奇就會將身體湊過去，觀察對方的眼睛。

其他三名房仲在遇到潛在客戶時，都是「從一開始就談房地產」。不過才第一次見面就馬上推銷，對方通常是不會想聽的。

人類的心理

人類對第一次見面的人都會有戒心，只要感覺對方在推銷，就會拒絕。

具體的行動

在商場上，必須先建立（友好和信任的）關係。

說別人的是非，
氣氛會變糟

　　在商場上，能談成交易的最大關鍵，莫過於提供客戶有益的資訊。

　　這時最基本的守則，就是一定要確定資訊正確無誤。我們絕不能提供空穴來風，沒有確切證據的消息，不然只會給客人帶來混亂。

　　尤其是嘲諷第三者的流言，更需要注意。

　　「外面都說那家公司的老闆很有人情味，但他在公司裡其實是出了名的兇，連包商都氣哭了。」

　　「聽說Ａ社的Ｋ經理表面上看起來很誠懇，私底下卻非常冷漠。」

　　大部分的人聽到這種內容時，心裡都會起疙瘩，覺得很不舒服。

　　說別人是非的人，反而會變得惹人厭。

　　事實上，就曾有美國的大學透過心理學實驗，調查過這個現象。

　　實驗方安排演員，說出關於某個人的謠言：「他討厭動物。我看過他把小狗踢飛，真是個討厭的傢伙。」然後把這一幕拍成錄影帶，請受試者觀看後發表感想。

受試者的感想有個共通點，就是他們都對片中講別人是非的人感到厭惡。

這是因為當一個人說第三者的是非時，聽的人常常不自覺地把「說話者」和「第三者」互相重疊。這個現象叫做**無意識特徵轉移**。

假如你說：「那個人總是笑咪咪的，但其實很冷漠。他之前還做過這樣的事……」聽的人就會下意識地把你看成「總是笑咪咪，但其實很冷漠」的人。

所以，只要愛說別人壞話的人出現，即使對方不在自己面前，我們也會因為「不想又聽到關於別人的壞話」，選擇盡量不接近對方。

反過來也一樣，如果你說「那位部長人很好，總是笑咪咪的。前幾天他也有過這樣貼心的舉動」、「除了客人外，供應商對K課長的評價也都很好。看來工作表現優秀的人，大家都會喜歡呢！」、「他對客人的態度，就和他的外表一樣忠厚誠懇。我從沒看過像他這樣的人」，就會讓聽的人下意識地認為你也是「笑咪咪的好人」、「工作能幹，受到歡迎的人」、「忠厚誠懇的人」。

人類的心理

人類聽到關於第三者的傳言時，會把「說話者」和「第三者」互相重疊。

具體的行動

不是正面的傳言，絕對不要說。

如果在試吃活動上試吃，就無法馬上離開

當我們受到對方的饋贈、招待和款待，都會覺得欠了對方人情。如果單方面接受恩情，就等於借了不還，會令人坐立難安。

為了消除這種不適感，我們也會設法回報對方。這種心理機制就叫做「**互惠性**」。

將互惠性運用在商業上，就是「免費發送」、「免費體驗」、「試用品」、「免費招待」、「免費測試」、「試吃」等等。

例如在超市，販售員對你說：「好吃的香腸喔，請吃吃看！」結果你試吃後，就覺得要是不買包香腸，會不好意思離開。

補習班的免費試聽也一樣，當你讓孩子參加聽了說明後，也會覺得要是不加入就很難離開現場。

當化妝品專櫃的小姐幫妳化了妝，如果妳什麼都不買，也會覺得很難離開現場。

當你受邀參加家庭派對，吃了一頓大餐後，如果對方說想做慈善，你也會覺得不捐點錢很難離開現場。

會有以上這些心理狀態，都是互惠性造成的。

在日本的鄉下，有種名為「公民館11商法」的推銷法。舉個例子來說，有廠商會找來為腹痛或膝蓋痛所苦的人們，在公民館提供免費的按摩服務，為他們舒緩疼痛。之後廠商再推銷健康器材或健康食品，就會有一定機率出現感恩的客人。這時的心理機制就是互惠性。

我三十幾歲時，曾在東京都內經營電腦教室。有次我推出可以先免費試聽四天再正式入班的方案。在這四天中，我教學員使用鍵盤和滑鼠，打字，做簡單的試算表，上網和收發郵件。這些內容全都免費。

四天後，我發下申請書，結果參加免費試聽的人之中，有八成決定正式入班。他們對於「承蒙四天免費指導」的感恩，讓互惠性起了作用。

雖然並非所有上免費課程的人都會買單，還是會有一定機率出現願意簽約的人。

人類的心理
如果蒙受對方的恩情，就會有必須報恩的念頭，並採取具體的行動。

具體的行動
可以免費提供一些讓對方覺得有好處的事物。

11　日本在各鄉鎮地區設立的社會教育設施

如果免費給予，
對方就會想報恩

　　有些人明明沒學過心理學，卻天生擁有高超的推銷技巧，而且這些技巧都能用心理學的理論來解釋。

　　我去日本東北部的某臨海都市演講時，正好遇到能為這句話佐證的案例。

　　當天演講完後，我和主辦者N一起去逛販售當地海產和名產的市場。在市場的深處，有一間賣乾貨和零食的商店。

　　當N先生靠近店門口的乾貨細看時，一位年長的女店員從旁邊靠近我們。她遞出切成一口大小的乾貨，要我們吃吃看。

　　N和我把乾貨放進口中後，女店員就說：「好吃吧。這賣得很好哦。」她接著拿出一袋乾貨，向我們介紹：「兩位剛才試吃的就是這個，一袋○○元。」因為價格意外地便宜，N就馬上買了。

　　後來女店員又遞出其他試吃品，繼續推薦說：「這個也很受歡迎，非常好吃哦。」N和我也吃了。

　　N說這個他也要，就拿了一袋。這次的乾貨比一開始推薦的要稍貴一點。

　　雖然這個女店員也許是無意識的，不過她都不會站在客人

的正前面，而是從側面靠近，所以不會產生壓迫感。

如果正對著客人，就會變成買賣關係，但站在旁邊的話，顧客就不會有被強迫購買的緊張感。

而且試吃也讓「**互惠性**」發揮效果。依照心理學的理論，當你免費給予時，對方就會想回報你的好意。

這個女店員的另一個高明處，就是一開始給的價格很實惠。

當 N 覺得便宜，沒有多想就決定購買時，女店員又接著推銷比之前貴一點的商品。

這種從對方容易接受的要求開始提出的心理技巧，就是「**Foot In The Door**（得寸進尺）」。

人類的心理

站在旁邊而不是正面，可以緩和緊張的氣氛。如果免費給予，對方就會想報恩。一開始先推薦容易接受的事物，對方更容易答應。

具體的行動

試著因應各種場合，想出不同的心理行銷策略。

生意越興隆的店，
越是會維持一貫的好形象

在北陸地區₁₂，有間生意興隆，連媒體都有報導的店。
那間店的老闆曾教導我：「送客要走七步。」

這句話的意思是，當客人要回去時，不能只站在原地目送，
而是要陪著走七步，送客送到底。

在這間店裡，凡是客人買完東西要回去時，店員都會跟在
客人後面，等確認客人把車子開出停車場，在店前的彎路左轉
後，店員就會站在路旁的人行道上揮手道別，直到看不到車影
為止。

其實生意興隆的店有個共通點，就是直到最後的印象都很
好。

人類在經歷某件事時，最後的印象最容易留在記憶裡，而
且影響力很大。這在心理學上叫做**「時近效應」**。

大家應該也有類似的經驗吧。

在漂亮的餐廳裡吃完美食，感覺非常滿足，卻偏偏在結帳
時遇到態度不佳的店員，導致你對餐廳的印象大打折扣。

12　日本本州中部面臨日本海的區域

　　生意興隆的店為了防止這種情形，都會把最善於接待客人的員工排在結帳櫃檯。

　　明明開會時表現還不錯的業務員，卻在最後離開時把門隨手一關，使客戶的印象變差。為了防止這種情形，頂尖的業務員在開完會後，依然會繼續繃緊神經，直到走出玄關為止。

　　第一印象很重要，是基於「初始效應」。
　　直到最後都要重視形象，則是基於「時近效應」。

人類的心理

　　人類很容易受到他們所經歷到的最後，以及最後印象所影響。

具體的行動

　　要目送客人離去，直到看不見對方的身影為止。在開會、交涉或待客時，直到最後一刻前都不能掉以輕心。

氣氛改變，
行動也會改變

　　我去岡山市演講時，順便去參觀後樂園。

　　園內有家店放著布製立旗，上頭寫著「抹茶配糯米糰子套餐65元」。我覺得好便宜，就點了一客。

　　店員端來三個小巧的糯米糰子和一杯抹茶。當我吃糯米糰吃到一半時，店員突然又在碟子裡放上兩個黍米糰子，說是要請我吃的。

　　我正為了有免費糰子而高興時，店員趁機向我推銷：「如果您覺得不錯，可以去買來當伴手禮哦。」他接著指向牆上的大獎狀，說明這個黍米糰子曾得過○○獎，又強調這個糰子只有這裡買得到，結果我就買了兩盒當伴手禮。

　　於是，我從一開始的65元抹茶套餐，到最後買了數千元的伴手禮。先提供小東西，再誘導去大東西，形成一套銷售的流程。這種手法就是「Foot In The Door（得寸進尺）」（一開始先讓對方答應小要求，之後再提出大要求）。

　　再來，起初碟子裡是三個小糯米糰子，之後店員再以「請你吃」的名義多給兩個，就讓人覺得賺到了。這在心理學上叫做「That's Not All（不只如此）」。凡是增量、附送或特殊贈

品，都得擺在「商品後面」，才會有划算的感覺（如果是電視購物，就會在說明完商品後介紹贈品）。

此外，「我們的黍米糰子得過○○獎」，也可以用「**權威效應**」解釋。至於「這個黍米糰子只有這裡買得到，其他地方都沒有」，也能用人類容易被「**稀少性**」吸引的特性來解釋。

在這些心理機制的交互作用下，我最後決定買了。

人類是順著「心」行動的生物。潛意識的「心」很難靠自己察覺，卻容易受到吸睛的事物、稀少性、權威等因素所影響。

人類的心理

人類的消費行為，會受到氣氛、數量、金額、贈品、權威等因素所影響。

具體的行動

本書介紹的心理技巧，對每個行業都管用，而且幾乎不用花半毛錢。請你一定要讀到最後，把內容運用在業務上，實際感受這些效果吧。

如果問「您覺得如何？」，客人就會開始考慮

我每週都會去一次中餐廳。

有次隔壁桌剛好坐了一家人。其中較年長的客人跟店員說：「我要再點一盤餃子。」

店員就反問：「一盤就好嗎？」

客人想了一下後，又回答：「那就改兩盤好了。」

其實店員的反問，已經是推銷話術的固定套路。

只要一句「餃子一盤就好了嗎？」，點餐數量變兩倍的機率就能大幅提升。這個話術的厲害之處，就在於客人「不會察覺對方在推銷」。

英文有個片語「Under The Radar（不被注意）」。

這句話的意思是能不被敵人的雷達偵測到，就侵入敵方的陣地。

點餃子的客人聽到店員的話，會下意識地思考一盤到底夠不夠。

如果客人點餃子時，店員是說「兩人吃一盤可能不夠，要不要點兩盤？」，給人的印象就會大大不同。

以前有位被稱為列車販售高手的人，教了我一件事：

「假如客人要買日式點心，當成給公司的伴手禮，這時如果問：『那給您家人的伴手禮呢？』很多客人都會回答：『說得也是……那就再給我一盒吧。』」

即使是微不足道的一句話，只要天天說，就會大大左右銷售量。

人類的心理

比起「要不要點兩盤？」，問「只點一盤就好嗎？」更能誘導客人的選擇。

具體的行動

可以準備「一盤就好嗎？」、「單點就好嗎？」、「一組就好嗎？」之類的固定問句，用來影響客人的潛意識，誘導他們的行動。

第**4**章

讓自己更有自信的 簡報和交涉技巧

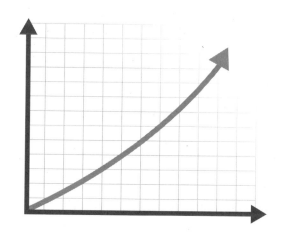

只要徹底成為理想的人，就會開始有自信

一邊是頭垂得低低的，雙腿內八，以稍微駝背的姿勢說話。

另一邊是雙腳打開與肩同寬，挺起胸口，雙手大大張開，面帶微笑，用宏亮的聲音說話。

這一看就知道，用後者的方式所說出的內容，更能打動別人的心。

要帶著自信表現自己。

當你想說服別人時，這是非常重要的條件。

前美國總統巴拉克‧歐巴馬曾表示，他在通往總統大位的過程中，學到一件最重要的事，就是「要經常帶著自信行動」。

雖然他這麼說，但要從平時就「經常帶著自信行動」，並不是一件簡單的事。我從二十幾歲到三十幾歲的這段期間，都一直很沒自信，也很苦惱在別人面前該怎麼表現。

當時我拚命工作，以為只要得到大家的認同，就能得到自信。但即使工作有了成果，我依然沒什麼自信。

這時我是採用「DO→HAVE→BE」的思考模式。這是按照「行動DO→得到HAVE→成為理想的自己BE」的步驟，讓自己產生自信的過程。

但其實理想的做法，應該是趕快到BE階段，也就是把順

序改成「扮演理想的自己BE→照這樣行動DO→得到自信HAVE」。

所以我們要活用「**模仿（Modelling）**」。

這裡的模仿，就是模仿你當成目標的人，或是符合你理想的人。

你可以從外在開始，在腦中回想當成目標的人或符合理想的人，試著模仿那個人的說話方式、動作、手勢、舉止、表情等等。一邊想像對方這時會怎麼做，一邊模仿想像的結果。

不管是你的上司、恩師、前輩、喜歡的藝人、歷史人物，甚至是在你喜愛的小說中登場的角色，漫畫的主角，都能成為你模仿的對象。

以我來說，我每天早上都會透過影片模仿喜歡的講師，逐一練習對方的說話方式、動作、手勢、舉止和表情。在演講開始前，我會在會場內看喜歡藝人的影片。我會在會場裡走來走去，一邊看那位藝人在數萬人面前唱歌表演，一邊聽他的聲音，模仿他的動作。我會不斷觀看、聆聽和模仿，重複好幾百次。也多虧如此，現在的我就算在有數百名聽眾的會場裡，也可以大方地侃侃而談。

一旦到達BE的階段，你在進行簡報和交涉時，就會變得更有自信。

人類的心理

只要徹底扮演理想的人，就會開始有自信。

具體的行動

可以試著想像自己想成為的人，模仿對方的每個言行舉止。

想像自己想成為的人，
會給心理帶來影響

這一章我們來繼續講模仿。

我在演講前，會看矢澤永吉和長淵剛[13]的影片。這是為了想像自己在眾人面前賣力表演的樣子，產生「好，今天也要加油！」的動機。

模仿可以用來促進自我成長，比如模仿崇拜的運動選手的打法，讓自己也能做出和偶像相同的打法。

不過模仿理論也有陰暗面，就是如果觀察別人的攻擊行動，也會助長攻擊性（這是前美國心理學會會長亞伯特・班度拉（Albert Bandura）透過實驗證實的）。

關於想像的影響，心理學家雅普・狄克斯特霍伊斯（AP Dijksterhuis）博士曾做過以下的實驗。

他請大學生回答困難的謎題。在回答前，一半學生要想像自己是大學教授，另一半學生則要想像自己是足球流氓[14]。

這些原本成績同樣優秀的學生，最後卻交出不同的結果：

● 想像自己是大學教授的學生，答對率是55.6%。

13　兩位都是日本創作歌手
14　在足球場上引發暴動的球迷集團

● 想像自己是足球流氓的學生，答對率是42.6%。

光是靠想像，就讓答對率出現10%以上的落差。

雖然個人能力對表現的影響會更大，但想像的影響力也不容小覷。

所以，在至關重要的洽商、簡報、簽約之前，可以先想像「自己想成為的人」。這樣一來，你在這些場合上的表現，很可能就會受到影響。

至於要怎麼選「自己想成為的人」，你可以想像在TED大會上侃侃而談的演講者，揣摩他們的一舉一動，這樣內心就會受到影響，外在的動作和態度也出現變化，讓你從內到外都充滿能量，散發活力。

只要想像「笑容滿面的自己」，現實中的自己也會感到心情開朗，嘴角跟著上揚。

人類的心理

通過想像自己想成為的人，你會自發地模仿那個人的言行舉止。

具體的行動

在至關重要的洽商、簡報、簽約之前，可以先想像「自己想成為的人」，再去進行那件事。

只要態度充滿自信，
勇氣就會湧現

當春天來臨時，只要仰望開滿枝頭的櫻花，就會感到心曠神怡。相信大家都有過這樣的經驗吧。

雖然淡粉紅色的櫻花惹人憐愛，冬去春來的空氣也添了暖意，但影響心情的因素還不止於此。

當人們仰望櫻花時，會不自覺地抬起頭，挺起胸，一邊讚嘆「好美」，一邊露出門牙燦笑。而抬頭往上看的動作，正是讓人心曠神怡的原因之一。這種理論叫做「Physiology」。

Physiology被翻譯成「生理學」。將這門學問應用到心理學上，就能利用身體來控制感情。正如我前面所說的，只要刻意露出笑容，心情就會變得開朗。當你想進行某種挑戰時，只要刻意展現堅強的意志，就會湧上一股自信。

相信大家都有這樣的經驗：當你躺著仰望星空，思索宇宙有多浩瀚時，煩惱就會顯得微不足道。這也是因為你在仰望星空，想像廣大宇宙時，會自然地臉朝上，躺成大字形，胸口敞開，雙手張開，這樣生理學就會發揮作用。

相反地，當我們為討厭的事心情低落，遭上司或客戶責罵，以及看到可怕的事物時，都容易垂下頭。

頭一垂下，視線就會自動向下，讓情緒更低落，心靈更閉塞。

想擺脫這種狀態，就得勉強自己往上看，想像快樂的事，再把眼睛大大睜開，試著擠出笑容。

這種透過身體控制心情的方法，在洽商和簡報等會帶來巨大壓力的場合上，能用來轉換心情，強化動機。

人類是看心情的生物，心情好，情況就變好，反過來也一樣。而乾脆承認這一點，也是避免壓力的方法之一。

人類的心理

身體的動作，會對人類的心靈和情緒造成很大的影響。

具體的行動

在進行交涉、簡報等充滿壓力的場合上，可以刻意抬起頭，挺起胸，腰桿打直，雙腳張開，用肢體語言展現出自信。藉由身體的動作，內心就會產生自信。

進行簡報時由左向右移動，感覺更自然

在溝通的過程中，會給人類帶來的因素及佔比如下：

- 談話內容　7%
- 說話方式、表達方式　38%
- 外在呈現　55%

這就是有名的「麥拉賓法則」[15]。換句話說，人的外貌和表現等「呈現方式」，在溝通上是非常重要的因素。

以前，我曾經旁聽了某個六小時的講座。當時的講師從頭到尾都坐在椅子上，用平淡的口吻一邊念稿，一邊講解，聽到後來真的很痛苦。

如果訊息發布者在「呈現效果」上毫無變化，接受者的身心也會慢慢變僵硬吧。所以我本身很注意「表現方式」和「呈現效果」，常常在演講時加入幅度較大的動作，並且到處走動。表現方式會帶給對方很大的影響。

在工作上或生意上，除了內容和品質外，也要注意「表現方式」。只要這麼做，相信客人的反應也一定會改變。

另外，我在本書的「前言」中曾提過：「上台時要從觀眾

15　Mehrabian，美國心理學家

席的左側登場，結束時從右側退場。」這是因為人的視線左側連結過去的印象，右側連結未來的印象。所以要在演講會、講座或簡報中登場時，記得要「從過去到未來」，也就是「從左到右」移動，台下聽眾才能自然地接受。

如果結束時從左側離去，就代表回到過去，會給聽眾留下「陳舊的印象」。因此在結束時，最好讓觀眾覺得你是邁向右側的未來。

在進行簡報時，如果要同時介紹自家的商品和對手的商品，最好把自家商品放在客戶的右側，對手的商品則放在左側。這樣自家的商品就會讓客戶聯想到未來，對手的商品則是陳舊的過去。

人類的心理

在溝通中，人的外表和呈現方式的影響，佔了很大的比例。

具體的行動

在商場上要打理外表，注重舉止，才能在客人心中留下好印象，感覺也更好。還有在廣告和企劃書中，也要多留意版面設計、圖表、字體、照片等細節。

把注意力放在物品上，
就能緩和緊張情緒

當發表簡報或開會時，你是只要視線集中在自己身上，就會感到緊張的類型嗎？

如果是，讓我來教你一個好用的技巧。

有視線恐懼症的人意外地多。

在這種時候，就要讓對方轉移視線。

想讓對方轉移視線，最簡單的方法就是「請看這裡」。

只要說這句話就好。

在場的人聽到後，視線就會離開說話者的臉，轉向「這裡」。

你可以一邊用投影機投影，一邊指著銀幕說：「請看這裡。」

這樣對方的視線就會對著螢幕上的畫面。

那不能用投影機的時候，又該怎麼辦？

如果遇到這種情況，你可以改說：「請各位翻開手上資料，看第三頁。」

其他人聽到後，就會把視線移向資料。

另外你也可以說：「今天我有帶實際的產品來，請看這裡。」

　　你可以用以上的方法一邊轉移聽眾的視線,一邊進行解說,慢慢找回自己平常的步調。

人類的心理

　　只要聽的人看的不是自己,而是自己以外的事物,就能緩解緊張的情緒。

具體的行動

　　開口前先做好準備,讓聽的人把注意力放在資料或投影畫面上,而不是你身上。

說話方式給人的印象，
要比說話內容更深刻

　　每次聽落語₁₆時，故事中出現的長屋₁₇景象，飲食狀況，登場人物的性格等等，都能在腦中化成具體的形象。我總是對落語家深感佩服，因為他們可以讓聽眾「靠言語想像出畫面」。

　　如果我們在談生意或推銷時，都能像表演落語一樣，讓對方在腦海中「想像出畫面」，一定會很有說服力。

　　那我們又該怎麼做，才能只靠言語就讓對方想像出畫面呢？

　　其中一個技巧，就是對話中要包含刺激五官的詞彙。

　　尤其是能刺激視覺的更有效果。想用對話刺激視覺，對話中必須有「色彩」的表現。

　　我舉幾個例子：

　　跟「今天早上下雪了」相比，「今天早上拉開窗簾，就看到四周都被銀白的雪給覆蓋」會更有畫面感。

　　跟「不行了」相比，「不行了，感覺眼前一片黑暗」更有畫面感。

16　日本的單口相聲
17　日本江戶時代常見的長方形木造平房

跟「漂亮的粉紅色」相比，「跟夾道盛開的櫻花一樣的粉紅色」更能具體表現顏色有多美，對吧？

跟「健康的膚色」相比，「彷彿在南方島嶼上曬出來的小麥色肌膚」更有健康的感覺。

跟「柔和的綠色」相比，「猶如初夏嫩葉一般柔和的綠色」更有柔和的感覺。

跟「昨天吃到的番茄很美味」相比，「昨天吃到和夕陽一樣紅通通的番茄，鮮嫩多汁很美味」更容易在腦中形成畫面。

根據麥拉賓法則，對溝通的影響力的佔比是「外在呈現：55%」、「說話方式、表達方式：38%」、「談話內容：7%」。

所以比起說話內容，我們應該在「說話方式」上花更多心思。如果對話中包含「色彩」的元素，在進行簡報或交涉時，說服力就會有明顯的差距。

人類的心理

人類透過視覺、聽覺、身體感覺吸收資訊，其中又以透過視覺吸收的比例最大。

具體的行動

可以在對話中刻意加入色彩，描述風景，藉此提高影響力。

只要輕拍手背，
就能舒緩緊張情緒

　　有些人在別人面前，尤其是當著眾人的面講話時，總是會忍不住怯場，而且這種人還意外地多。如果希望順利說完，不要失敗的念頭太強，就會導致怯場，所以自我意識過高的人，據說更容易怯場。

　　尤其在簡報、晨會、會議、發表會等場合上，怯場的人更多。

　　其實，我以前怯場的毛病也很嚴重。只要站在大家面前，我的心跳常常都會突然加速。當我感覺到心跳變快，就會更怯場，結果形成惡性循環。

　　一旦心臟鼓動變快，腦袋就會充血，手腳顫抖，說話也變得顛三倒四，所以要想克服怯場，一定要讓心跳的節拍再慢下來。

　　解決問題的線索，就在母親安撫嬰兒的動作上。

　　每當嬰兒哭鬧時，母親都會輕拍他們的背，讓他們感到安心，恢復冷靜。母親拍背時緩慢又輕柔的節奏，會讓嬰兒想起自己在子宮時，曾聽過母親的心跳，感受過母親的體溫，結果嬰兒就會和情緒平穩的母親達成同步。

人類不能同時配合兩種不同的節奏。由於兩種節奏不能共存，因此只要從外界提供平穩的節奏，這個相對穩定的外部節奏就會掌握主導權。

這種生理機制叫做「**曳引作用（Entrainment）**」。在眾人面前心跳加快時，可以利用曳引作用，減緩心臟跳動的節奏。

找個四周的人看不到的地方，桌子下或講台上也行，然後以「咚──咚──咚」的緩慢節奏，用自己的右手輕拍左手手背。拍了一會兒後，就會產生類似母親安撫嬰兒的效果。

此外，我也推薦使用能打拍子，類似節拍器的手機軟體。只要下載軟體再開啟震動功能，規律的震動就會傳到你手上。

我也試過在演講中使用這種手機軟體。當注意力集中在手掌時，心情就會很平靜，而且感受固定的節拍，也讓我的說話速度不致於太快。

人類的心理

從外界感受到緩慢又規律的節奏，會讓人慢慢恢復冷靜。

具體的行動

在別人面前講話時，如果想緩和緊張情緒，可以試著以規律的節拍輕拍手背，或是運用手機軟體。

如果三、四人口徑一致，假的也能成真

我從過去的經驗中，發現某個奇妙的共通點。

大學入學典禮後，緊接著就是社團的招生活動。當時有三、四個人包圍我，想遊說我入社。

還有上了大學後，我也在澀谷的住商混合大樓的某個房間內，被人推銷教材。當時也是有三、四個人圍著我，說得天花亂墜。

等到出社會後，有次我參加自我啟發講座的體驗課程。當時一樣有三、四個人包圍我，想說服我正式加入。

為何總是三、四人，其實這在心理學上是可以解釋的。

以下是某個心理學實驗。

首先，在團體中放進一個受試者。我們姑且稱他為Ａ。除了Ａ以外，團體中的所有成員都是「暗椿」，也就是實驗的協助者。

實驗者對這個團體提出一個簡單的問題。

這時暗椿會先故意回答「錯誤答案」。

隨後團體內的其他暗椿，也會紛紛對「錯誤答案」表示贊同。

即使受試者 A 覺得大家的答案都錯了，還是會跟其他人一樣支持「錯誤答案」。

換句話說，受試者受到了別人的意見影響。這就是所謂的「**從眾**」。

而實驗中也顯示，當贊同人數為三～四人時，效果是最大的。

所以為何人數都是三、四個，是因為這是能提升效果的好數字吧。

我二十幾歲時在廣告公司工作。當時我的上司會帶著三名成員去拜訪客戶，為對方進行簡報。那位上司本身就很優秀，而且只要是他進行簡報，幾乎百分之百都能接到案子。

我想，那位上司或許已經透過經驗得知，只要組成三～四人的小組，在比稿中就容易脫穎而出了。

人類的心理

贊同的人數為三～四人時，從眾效應是最大的。

具體的行動

當進行重要的交涉或簡報時，與其單打獨鬥，不如組成三～四人的小組來應戰。

在最後做個總結，
對方會更容易記住

　　以前聽廣播時，我發現到一件事。那個廣播節目的主持人，總會在節目快尾聲時，替節目做個總結。

　　他會再次介紹來賓，節目中的話題，印象特別深刻的內容等等，講完後才結束節目。

　　聽完內容後再聽總結，記憶應該會很深刻吧。後來我把從廣播中學到的兩個訣竅，實際運用在自己的工作上。

　　一個是在整理完資料或寫完報告後，要再把資料的重點條列成大綱，讓看的人容易留下深刻的印象。

　　至於另一個，是某位演講高手也提過的，就是進行簡報或對著眾人講話時，當內容大致說完後，最好別直接結束，而是把當天講過的內容重點再介紹一遍，這樣聽眾才容易記得。而且除了留下記憶外，聽眾對說話者的印象也會變好。

　　根據德國的心理學家赫爾曼・艾賓浩斯（Hermann Ebbinghaus）的說法，人類經過二十分鐘後，會忘記42%的事，經過一小時候，會忘掉56%的事。如果以圖表表示這個現象，就成了「**艾賓浩斯遺忘曲線**」。

　　根據艾賓浩斯的理論，如果在資料或報告的結尾放上重點整理，殘留在記憶中的機率會提高。

另外，心理學上也有「**時近效應**」。這是指在事情的最後，也就是最接近現在的記憶，會最容易留在腦海裡。

比方說，就算約會過程有些冷場，只要快結束時在店裡吃了好吃的東西，遇到有點開心的事，或是道別時收到意外的禮物，我們通常就會做出「今天玩得很開心」的正面總結。

在進行交涉、簡報或會議時，說話內容固然重要，但如果只注重內容，或許就像是畫龍少了點睛吧。

只要在最後再做個總結，說話內容和說話者給人的印象都會提升很多。

人類的心理

人類的記憶會隨著時間而逐漸變淡，但距離現在最近的事，則會留在記憶中。

具體的行動

在進行交涉、簡報或會議時，可以在最後做個總結。

只要坐在斜對面，
就算初次見面也不會緊張

想和別人建立起良好的關係，場地環境非常重要。無論說話的內容再好，只要現場瀰漫惡臭，室溫太高或太低，都無法進行良好的溝通。

至於雙方站的位置和坐的位置，也是重要的環境因素之一。當我要對客戶進行當面指導前，都會先問對方：「我坐哪裡比較好？這一邊還是那一邊？」以確認自己該坐的位置。

交談的對象是坐在自己的右側、左側還是正面，感受都會不同。

在接待客人或想親近對方時，基本上都是照以下的方式找位子：

● 自己要站在、坐在對方瀏海分線的那一邊。
● 自己要站在、坐在對方沒提包包，或是沒放行李的那一邊。

用頭髮隱藏或拿行李的那一邊，通常是人類下意識想保護的地方。如果你佔了那邊的位置，對方會很難放下戒心。

要是想和對方打好關係，最好選對方頭髮分線或沒放行李的那一邊，並且站在、坐在和對方呈八字型、L型，或是稍微斜側面的位置，就能營造出利於交友的環境。

不過，如果你是想打敗對方，取得優勢的地位，就必須背對太陽，並且處在對手的正面或右邊的位置。

當你背對太陽，看起來就像有後光，而且對手也很難看透你的表情。

有句話是「無人能出其右」，就代表「右邊佔優勢」，所以佔據對手的右側位置也是很有效的。

在請客人試吃時，試吃品基本上都是從客人的右手邊遞上，這樣才方便客人馬上取用。

人類的心理

坐在正對面的話，會讓對方更緊張。如果是坐稍微斜前方，就能舒緩緊張的情緒。

具體的行動

在桌子旁就座，準備談生意時，最好坐在客戶的斜前方，避免正面相對。

了解對方的性格類型，就知道如何談生意

在組織內的工作方式，反映出每個人的個性。有些人是積極派，不會考慮風險，只朝著目標埋頭猛衝；有些人是慎重派，懂得投石問路，一邊努力降低風險，一邊朝著目標腳踏實地前進。

前者是目標取向型，後者是問題迴避型。

每個人都有自己獨特的過濾器。從上面的例子來看，積極派的過濾器以達成目標為優先，慎重派的過濾器以迴避風險和麻煩為優先。

目標取向型有明確的目標，也很享受朝目標前進的過程。問題迴避型不想遇到問題，喜歡一邊控制風險，一邊前進。前者都是先行動再說，容易發生問題；後者太擔心風險，有時會錯失良機。

不過這只是在介紹什麼人會有什麼過濾器而已，兩者並沒有好壞之分。

舉例來說，如果對目標取向型的人說「這沒有前例，放棄比較好」、「最好先觀察情況，釐清風險」，他們也無法理解。相反地，如果對問題迴避型的人說「只考慮風險的話，什麼事也做不了，還是先行動再說」，也得不到他們的贊同。

如果想透過交談達成有建設性的共識，說明時使用的詞

句，就必須符合對方的過濾器。

　　例如，對目標取向的人說明時，如果用「有辦法」、「得手」、「可獲得」之類的語詞，對方會更好理解。

　　相對地，對問題迴避型的人用「避免」、「解決」、「減少風險」之類的語詞，對方也會更容易接受。

　　雖然不是每個人都能明確區分成目標取向型或問題迴避型，不過只要仔細觀察顧客常用的字眼，就能猜出對方大概是哪一型。

　　只要知道類型，再使用適合對方的語詞來進行接待、推銷或遊說，就能取得有效的溝通了。

　　舉例來說，如果顧客是目標取向型，說明時使用「跨過這一關，就能實現目標」、「導入這個系統，就能增加新的客戶」、「這樣就能坐上業界龍頭的寶座」之類的說詞，效果就會很好。

　　如果顧客是問題迴避型，說明時使用「調整這裡就能解決問題」、「可預測其他公司的介入，進行迴避」、「這個點子一旦實現，就能降低風險」之類的說詞，對方的接受度也會很高。

人類的心理

　　人類工作的方式，分成目標取向型和問題迴避型。

具體的行動

　　面對目標取向型的人，可以用「有辦法」、「得手」、「可獲得」等語詞；面對問題迴避型的人，可以用「避免」、「解決」、「降低風險」等語詞。

第 **5** 章

讓心情開朗的
心理溝通技巧

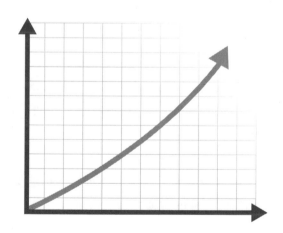

只要說「有人誇獎你」，
對方就會更開心

　　每個人受到讚美都會開心。直接讚美固然好，但如果是「轉傳」的讚美，例如「那個人誇獎你」，又會帶來不一樣的喜悅。

　　通常讚美別人時，都會直接對本人說，這叫做**正規溝通（Regular Communication）**。

　　相對地，如果是受到「別人轉傳」或間接聽到的內容影響，則叫做**側聽溝通（Overheard Communication）**。

　　而且，據說側聽溝通比正規溝通更「容易被接收者採信」。

　　當我們直接聽到「你的工作能力很好」時，一方面很開心，另一方面卻會產生「哪有那麼好」的自謙心理。但如果是聽到「部長很誇獎你，說你工作能力很好」，我們通常就會坦然接受，而且這份感動會更直接，更令人開心。

　　要稱讚員工或客戶時，當面講固然很好，但如果利用側聽溝通來傳達，相信對方會更高興。

　　「老闆說只要有你在，公司裡就變得朝氣蓬勃！」

「店長總是很注意您，會向客人說您的品味很好呢。」

「經理說多虧有你在，公司內的人際關係才會一直很和諧。」

像這樣以側聽溝通的方式傳達讚美，就能讓溝通更順暢。

人類的心理

比起正規溝通，人類對側聽溝通更能坦率接受。

具體的行動

要讚美別人時，可以試著活用側聽溝通。

087 先拒絕再答應的方法

如果聽到「只有你是特別的」，感覺就會很好

　　以下是一個心理學的實驗。男性受試者接到指令，要依序邀請三位美麗的女士A小姐、B小姐、C小姐去約會。

　　這時A小姐回答：「OK，好啊。」

　　B小姐回答：「我已經有約了。但既然是你的邀請，我還是會設法安排的。」

　　C小姐回答：「不行。」

　　那麼，受試者會對哪位女士最有好感呢？

　　答案是B小姐。

　　B小姐起初是拒絕的。這讓男士不得不壓抑自己的欲求（好想約會！），使這個欲求因為遭到拒絕而找不到出口。

　　但到了下一秒，男士又得到「OK」的回覆。這讓沒有出口，不斷累積的欲求一口氣宣洩出來。人類就在這一刻得到了快感。

　　如果把人類的這種心理運用在商場上，又會出現什麼情況？

比如說，當客人拜託你時，你不是馬上答應，而是先吸一口氣，再表示願意答應的話，應該會更好吧。

Q：「能不能在下週三前交貨？」

A：「有點困難呢……但既然佐藤先生都這麼拜託了，我會想辦法的。」

Q：「能再便宜一點嗎？」

A：「實在很難再便宜了……不過田中先生都這麼說了，我會想辦法的。」

Q：「可以幫我修改這裡嗎？」

A：「要在期限內實在有困難……但既然鈴木太太都開口了，我也不好意思拒絕呢。」

Q：「可以在明天之前完成企劃書嗎？」

A：「現在工作都排滿了，實在有困難……不過為了課長，我還是會努力趕出來的！」

人類的心理

先拒絕對方的要求，累積情緒，然後再答應，對方就會對你產生更深的謝意。

具體的行動

當重要的客人提出請求時，可以試著先故意拒絕再答應，例如「雖然有點勉強……但既然是○○的拜託，我也只好答應了」。

只要在細節上用心，
對方就會高興

　　人類在交談時，要是發現對方連一些小地方都記得，就會覺得「咦！你連那種事都記得啊，好高興！」。這時最重要的就是「那種事」。人類聽到微不足道的「那種事」，都會非常開心。

　　昭和時期的代表性總理田中角榮，聽說對他的支持者、熟人和相關人士的家庭成員、經歷、興趣嗜好都如數家珍。他跟人交談時，也會提起對方的「那種事」，例如「對了，你兒子是○○年生的，今年應該高中畢業了吧？」、「你的夫人是○○出身的吧？」。「這種事」應該就是田中角榮粉絲增加的主因之一吧。

　　如果在對話中穿插「那種事」，不但會讓溝通順暢，對方也會產生親近和信賴的感覺。不過要把每個顧客、廠商和公司員工的「那種事」記起來，也不是件輕鬆的事。

　　在這種時候，那些擅長溝通的人常用的方法，就是做筆記。在對話的過程中，他們把對方的「那種事」記在手帳、筆記本、名片背面、資料的空白處或智慧型手機裡。

　　報章雜誌上都會介紹活用手帳的獨門技巧。某家大企業的老闆在和客戶談生意時，都會把當天對話的重點，記在黑皮革封面的手帳裡。另外，如果當天得知一些和生意對象有關的小

插曲，他也會一併記在手帳上。過一陣子後，當他有機會再見
到對方時，就可以拿出珍藏的手帳，確認之前聊過的內容，再
裝作若無其事地說出「那種事」。對方聽到後，不但會對他還
記得「那種事」感到吃驚，看到客戶遍及全球的大忙人竟然還
記得「那種事」，也會萌生感激之情。

　　所謂的溝通，能仔細聆聽對方的話，比能言善道更來得重
要。

　　有人說，溝通就像用言語玩傳接球，先在胸前穩穩接下對
方丟出的話，是很重要的。說得極端點，比起口才辨給，善於
聆聽給對方的感受會更好。
　　就算自己主動說的話不多，只要能仔細聆聽對方的話，再
不經意地說出「那種事」，就能形成順暢的溝通了。

人類的心理
　　人類在交談時，如果聽到對方連一些小細節都記得，會覺
得很開心。

具體的行動
　　可以把對方的「那種事」記在手帳或筆記本上。

只要說「感覺會有好事」，
對方就會心情愉快

　　商場上有個既定的觀念，就是「開會遲到的人沒有幹勁」。

　　「開會遲到＝沒有幹勁」似乎成了公式，但其實不能一概而論。

　　只要不是故意的，一般來說遲到都有不得已的理由。

　　可能是前一個會議開太久，搭車時遇到誤點等不可抗力的因素。

　　所以「開會遲到＝沒有幹勁」的公式不一定成立。

　　這在心理學上稱為「**複合式相等**」。

　　這個理論也可以應用在工作上，比如說「今天天氣很好，感覺會有好事發生」，就會讓「好天氣＝有好事」的等式成立。這是一種暗示。

　　在談生意時，如果先拋出這句話，對方就會漠然地覺得會有好事發生，對你的提案也會有好感。

　　為了達到這種效果，我在演講或講座開始前，總會先對參
加者說：

　　「今天的天氣真的很好，一定會有好事發生的！」

　　聽到可能會有好事發生，心情就會莫名地變好。

　　在開會或交涉前，記得先說些積極正面的話，例如「今天似
乎會有好事發生呢」。

擺出笑容時露出門牙，會給人好印象

有心理學家說，第一印象是終生無法改變的。

在初次見到對方的瞬間形成的印象，對之後的生意往來或工作進展都會有影響。如果讓人第一眼就覺得「這個人似乎不好相處」，就會很難消除那個印象。這就是**「初始效應」**。

因此，留下良好的第一印象十分重要。要想做到這一點，「帶著笑容」是基本條件。

在全世界長期熱銷的勵志書《人性的弱點（How to Win Friends and Influence People）》的作者戴爾・卡內基也曾說過：

「笑容不花半毛錢，卻能產生百萬美元的價值。」

不過，要在初次見面時就立刻露出笑容，如果不習慣會意外地難。

所以我用的方法，就是「讓對方看到門牙」。很多人看了我的臉書和部落格後，都會說「酒井先生總是面帶笑容呢」。但事實上，無論是上傳照片到社群媒體時，還是跟陌生人初次見面時，我都是單純地做「露出門牙」的動作而已。雖然不是真的在笑，不過只要我這麼做，對方看起來就像在笑。

當我們露出門牙（看起來像）笑時，對方也會鬆一口氣。

相反地，如果我們用非常緊張的表情打招呼，對方就會充滿戒心，表情變僵硬。而看到對方僵硬的表情時，我們也會更緊張。

透過「讓對方看到門牙」所產生放鬆的效果，是我在電視上看到偶像的笑容時想到的方法。「為什麼偶像上電視時，總是能笑咪咪的呢？」──我對這件事感到不可思議，便仔細觀察他們的表情，才發現那原來只是「張開嘴巴露出牙齒」而已。

後來我才知道，這種用下唇遮住下排牙齒，只露出上排門牙的笑容，叫做「好萊塢笑容」，是一種打造迷人笑容的訣竅。

如果你正在煩惱「自己給人的第一印象，似乎不太好」的話，可以試著刻意向對方「露出門牙」。相信你給別人的第一印象，一定會提升不少的。

人類的心理

帶著笑容不僅能給對方好印象，自己也能因此放鬆。

具體的行動

為第一印象煩惱的人，其實不用勉強擠出笑容，只要記得向對方「露出門牙」就好。

想像對方好笑的樣子，抗拒感就會消失

　　在客戶之中，不乏會有難以相處、態度蠻橫的人。遇到這種客戶時，我們很可能會心生膽怯，拜訪的次數也會變少。

　　這時候有一招很有效，叫做「**次感元轉換（Submodality Change）**」，可以把對方變成善意的形象。

　　首先閉上眼睛，想像眼前有個大螢幕，讓棘手的對象出現在螢幕上，再把對方的表情（視覺）和說話方式（聲音）變得很搞笑逗趣。

　　比如在對方的鼻子下方，畫上和《天才妙老爹[18]》的爸爸一樣的鼻毛，或是把臉往兩邊拉，讓對方扮鬼臉看看。不然在臉頰上畫兩個紅色漩渦也不錯。你也可以把螢幕顏色變黑白，或縮小畫面看看。

　　只要像這樣把棘手的對象變成搞笑模仿風，抗拒感就會變低了。這方法不錯吧？

　　除此之外，你也可以試著把對方的說話方式（聲音）變有趣。

　　例如想像對方吸了氦氣，聲音變得像鴨子，不然在腦中播放歡樂的音樂也行。

18　日本的經典搞笑漫畫

或是讓對方說「我是哆啦Ａ夢，請多指教！」看看。

就是這樣子，只要這麼做，對方帶給你的抗拒感、壓迫感都會減輕。

我沒有在胡說，請一定要試試看。等重複做幾次後，再去見對方看看，你應該會發現自己的心態和以前不一樣了。

坂本龍馬也說過：「如果和別人見面時會感到恐懼，就試著想像對方和太太打情罵俏的景象吧。」

這是每個人都能用的簡單妙方。只要這麼做，就能把對方從棘手的對象，變成「也不過是個普通人嘛！」。

你也可以更進一步，一邊回想棘手的對象，一邊嗅聞喜歡的香味。藉由這個方法，可以把對方的形象和美好的感覺記在一起。

記憶和印象會以影像、聲音和感覺的形式儲存，而且跟桌上型電腦和平板電腦一樣，可以用新檔覆蓋舊檔。

所以，只要用美好快樂的影像、聲音和感覺，去覆蓋對方給你的印象就好。

人類的心理

人類的記憶和印象，都是以影像、聲音和感覺的形式儲存。

具體的行動

可以試著在腦中想像，把棘手的對象變得搞笑逗趣。

從不同的角度看，
會有新的靈感

　　在關於人類的心理和溝通，目前已廣泛應用在商業上的
「NLP（神經語言程式學）」中，有一套名為「換位思考（Position
Change）」的流程。

　　這是藉由轉換自己的位置（立場），從客觀角度去了解對
方想法和感受的訓練法。這套訓練法介紹如下：

　　請看右上的圖。

　　「I」是我。我有一個想好好溝通，卻總是溝通不良的對
象。在這裡就先假設是上司。

　　那個上司是「You」。「Meta」是旁觀「I」和「You」的
第三者。「We」是顧問。

　　一開始，我先站在「I」的位置。

　　我一邊想像上司就站在「You」的位置，一邊對「You」
表達自己的心情、意見和想法。這時只要在口中默念自己的想
法和意見就好。

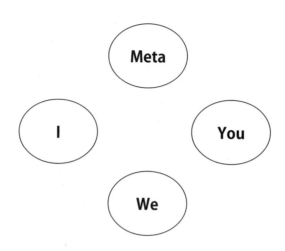

　　接著，我移動到「You」的位置。我徹底變成「You」的立場和心情，把「You」的心情、意見和想法說給「I」聽。

　　然後，我再移動到「Meta」的位置。在這個位置上，可以用上帝視點綜觀「I」和「You」各自的意見。我一邊從旁觀察「I」和「You」的關係，一邊聽他們各自的說法。

　　最後，我再移動到「We」的位置。我在這裡變成「We」，為「I」和「You」提供如何建立良好關係的建議。

　　「We」透過在「I」、「You」、「Meta」的位置上所感受到、發現到的事，對「I」提出建言。

　　以上就是換位思考的大致流程。只要一邊改變自己的位置，一邊進行這種訓練，就能實際體會到在「I」、「You」、「Meta」、「We」四個位置上，都會有不同的思考、觀察和感受方式。

雖然常聽到「要拓展視野」、「要試著改變角度」、「要擁有多樣化的觀點」，但在日常生活中，我們每天幾乎都是用相同的角度看事物。

　　然後，我們就會在不知不覺中，把「自己個人的觀點」視為唯一的正確答案。

　　我們平常總是坐在同樣的位子上，以同樣高度的視點、同樣的視野來看世界。如果能偶爾刻意改變座位，爬到高處看看，下到低處瞧瞧，或是左右移動身體，改變視點的位置，就會產生意想不到的靈感或情感。

　　這是因為身體的移動，會對心靈和心情造成很大的影響。

　　即使只照著上述的換位思考，單純地進行身體移動＝視點變化，也會有許多發現。

　　有興趣的人，可以把關係換成自己和上司（部下）、自己和客戶，自己和家人，自己和朋友，再實際進行換位思考看看。

　　一旦改變視點的位置，就會感覺自己看到、聽到、感受到的，都產生了變化。

　　我想你已經知道，換位思考其實就是一個人唱獨腳戲。

　　雖然你在「I」、「You」、「Meta」、「We」的位置上說出的情感、意見和想法，全都是「自己的情感」、「自己的意見」、「自己的想法」，不過你還是能從中找出解決問題的方法、線索，或是突破性的關鍵。

　　換句話說，其實解決問題的答案，早已存在於你的心中。

　　只要改變視點，拓展視野，以前看不到的事物，聽不到的話語，感受不到的感覺，都能了然於心。因為這一切能力都在自己的心中。當你遇到瓶頸，找不到方法解決，不知該如何是好時，請記得轉換位置看看。相信你一定能發現解決問題的線索。

　　說句題外話，我在用家裡的餐桌時，偶爾會改坐不同的位子。就算只是這樣，依然能察覺和發現到很多事，實在令我吃驚。

　　你應該也有在出門散步或旅行時，突然靈光一現的經驗吧。這也是因為視點改變了。

　　所以，只要在公司裡換個座位坐，在店裡換個位置站，將視點改變一下，相信你也會有很多新發現的。

人類的心理

　　在遇到瓶頸，找不到方法解決，不知該如何是好時，人類的觀點往往會更僵化，視野也更狹隘。

具體的行動

　　可以藉由進行換位思考，或是改變自己平常坐的位置，站的位置及周遭環境，以體驗跟平常不同的感受方式。

事物會隨著看法不同，
產生好壞的變化

　　人類看待、感受和定義事物的方式，稱為「框架（Frame）」。而改變框架，則稱為「重新框架（Reframing）」。即使遇到同樣的情況，只要透過重新框架，思考、感情和行動依然會出現變化。

　　比如出門遇到下雨時，有為了「怎麼在這麼重要的日子下雨」而煩躁的框架，也有為了「既然下雨，就穿新雨鞋出門」而興奮的框架。

　　因為出包被老客戶罵到臭頭時，有為了「幹嘛罵得那麼大聲」而生氣的框架，也有正面看待這件事，覺得「讓客戶那麼生氣真是不好意思，下次我一定會好好彌補回來」的框架。

　　遇到事情時會如何反應，取決於每個人平時的思考習慣。習慣可以刻意改變，成為新的習慣。雖然已經發生的事無法改變，但還是能透過重新框架，改變面對事情的看法。

　　看法一改變，事情可能變好，也可能變壞。有個有名的小故事正好能說明這一點。

　　有兩個賣鞋子的商人去南方島嶼。一個看這裡沒人穿鞋，覺得沒有搞頭就打道回府。另一個卻認為這裡都是沒穿鞋的人，簡直像挖到寶，就很開心地決定在這裡賣鞋。

　　這故事帶給我們的啟示，就是當看法改變後，感情和行動就會改變，得到的結果也會因人而異

　　現在，我們來練習一下重新框架。「虎頭蛇尾」的性格可以重新框架成「好奇心強」、「不拘小節」或「勇於挑戰」。

　　那接下來，請你也試著把以下的描述重新框架。

　　・我很愛說話。

　　・我神經太纖細。

　　・我優柔寡斷。

　　・我態度消極。

　　・我性格陰沉。

　　把這些描述重新框架後，就會變成以下的新框架：

　　・頭腦轉得快

　　・善解人意

　　・做事謹慎

　　・不愛出風頭

　　・冷靜沉著

人類的心理

　　如果用正面的態度去看負面的事，感情和行動也會改變。

具體的行動

　　遭遇危機時，可以透過重新框架，讓想法和言行往好的方向改變。

反覆表達貼近現實的意見，周圍的人就會開始相信

在開會時，多數決的結果代表全體的意見，受到尊重，所以「大部分人的意見」才會得到重視。但是，如果想讓個人或少數派的意見在會議上「通過」，我們又該怎麼做呢？

少數派的意見要對多數派產生影響，有兩個方法。

一個是「霍蘭德（Hollander）策略」[19]。這方法是透過某個對這團體有重大貢獻、帶來利益，或是留下實績的人，以他的意見來影響主流派。

換句話說，一直提出各種企劃，為公司或店內帶來巨大貢獻的人，過去曾多次幫助公司脫離危機的救星，或是不斷為店內招來大主顧的招牌服務員等等，他們的意見就能影響公司內的主流派。

所以，只要你平時勤奮工作，對公司有貢獻，即使提出的是少數意見，也容易受到支持。

至於另一個方法，則是「莫斯科維奇（Moscovici）策略」[20]。這適合對公司或店內沒有明顯貢獻，沒有實績的人使

19　指心理學家 Edwin Hollander
20　指社會心理學家 Serge Moscovici

用。你認為是什麼方法呢？

答案就是「不厭其煩地再三表達自己的意見」。不管被拒絕幾次，反對幾次，你都要反覆強調：「這個企劃，客人絕對會喜歡！」等時間一久，周圍的人就會開始想：「或許他（她）說的話是對的……」

就算一開始是少數意見，到後來也會慢慢發揮影響力，最終對多數派造成巨大的影響。

日本前首相小泉純一郎一貫主張的「郵政民營化」，起初也屬於少數意見，但他依然不斷宣揚同樣的主張，結果形成足以撼動反對派的龐大影響力。

不過，提出主張時必須附帶相當的證據，否則別人會認定這只是你一廂情願的意見，不把它當一回事，甚至罵一句「你有完沒完」就草草結束。

所以關鍵就在於「要符合現實，有一貫性」。只要這部分夠明確，就能改變周遭的氛圍。

人類的心理

有實力的人提出的意見，大部分的人都容易採納（霍蘭德策略）。另外，只要不斷提出符合現實，有一貫性的主張，就能改變周遭的氛圍（莫斯科維奇策略）。

具體的行動

如果渴望實現的想法屬於少數意見，而且之前也沒有累積信任和貢獻，那就不斷重複提出相同的意見吧。

人類感覺到矛盾時，
內心會產生不快

心理學上有個用語叫「**認知失調**」，是由美國的社會心理學家利昂・費斯廷格（Leon Festinger）所提出的。如果同時面對互相牴觸的事物，比如吸菸者認為香菸對身體有害時，就會感到不快。

人類一旦處於認知失調的狀態，就會為了逃避不快，開始否定矛盾的事物，或是改變自己的態度或行動。

費斯廷格為了證明認知失調，做了以下的實驗。

他支付酬勞給進行單調工作的學生，有人拿得少，有人拿得多。

之後，他叫這些學生向接下來要做同樣工作的學生，描述這份工作的樂趣。

結果，報酬少的學生對下一批學生描述工作時，樂趣度要比報酬多的學生來得高。

他們有可能是因為覺得酬勞和工作量不成正比，就把自己的認知修改成「這個工作其實應該很有趣」，以消除不協調的感覺。

　　你或許會對實驗結果感到意外，但在我們的周遭，其實也有不少類似的例子：

・從客觀來看，某個事業根本無利可圖，卻有頑固的投資者繼續砸錢進去。

・這份工作明明生產性不高，認真的員工卻一昧地埋頭苦幹。

　　這些人「拚命去做」客觀上是「負面」因素的事。以常識來看，這樣的行為實在不合理。

　　如果不在某方面取得平衡，他們不可能持續做這麼「扣分」的事。

　　為了持續下去，他們會在心中創造出「工作價值」、「樂趣」、「意義」等加分因素，讓自己的行為能保持平衡。

人類的心理

　　人類為了保持身心的平衡，就算是客觀上毫無意義的工作，也會從中找出價值和意義。

具體的行動

　　可以試著檢查一下，看看自己是不是明明沒有成果，卻把工作的內容正當化了。

看到別人成功時，
旁人會歸功於運氣

很多發生在我們周遭的問題，都能從以下四個要素中找出原因。

(1) 能力　(2) 努力　(3) 難度　(4) 運氣

例如，當有人接了大筆訂單，這時我們就會照以下的方式思考原因。

(1) 能力：因為他擅長簡報，所以接到訂單。

(2) 努力：因為他反覆拜訪客戶，所以接到訂單。

(3) 難度：這個企畫不管誰來做都可以。

(4) 運氣：只是剛好罷了，真幸運。

有趣的是，接到訂單的本人會把原因歸功於「能力」或「努力」，但旁人卻會把原因歸功於「難度」或「運氣」。

當然並非所有例子都適用這種分類，不過旁人本來就很難從客觀角度了解本人的能力和努力，所以才容易把「難度」和「運氣」當成原因。

然而，當本人沒拿到訂單時，情形就會逆轉。本人會把原因歸咎於「難度」和「運氣」，容易認為「這次的訂單難度太高，我們公司無法應付」、「這次的競爭對手太厲害，是我運氣不好」。

　　但相對地，旁人會把原因歸咎於「沒有實力」、「努力不夠」。

　　因此，當你的部下、員工、客戶方的負責人在某方面獲得成功，並謙虛地說「這次只是我運氣好」時，你該怎麼回應比較好？

　　就算對方真的完全靠運氣，你也要說：「不不，這都是靠你平常的努力。」只要認可對方的能力和努力，對方就會感到開心，溝通也會很順暢。

　　如果失敗，你也可以用運氣不好，或是努力程度還差一點當說詞，安慰對方：「這次是你運氣不好，再努力一點就行了。」

　　像這樣稍微了解人類的心理機制，再進行溝通，對生意是很有幫助的。

人類的心理

　　人類會從能力、努力、難度和運氣中，找出成功的原因。

具體的行動

　　對方成功時，可以稱讚對方的能力和努力；對方失敗時，可以把原因歸咎於難度和運氣，藉此鼓勵對方。

人類在越大的團體中，越容易打混偷懶

有個心理學用語叫「**社會性懈怠**」。

這個理論是人類一旦形成團體，就容易產生「我不做也沒關係」、「人這麼多，我偷懶一下也無妨」的想法。

有人實際做過名為「拔河實驗」的實驗，結果報告如下：

● 兩個人拉繩子時，發揮93%的肌力。

● 三個人拉繩子時，發揮85%的肌力。

● 八個人拉繩子時，發揮49%的肌力。

也就是說，當人數越少時，每個人發揮的力量就越大。但當人數越多時，打混的情況就越嚴重。

人類處在越大的團體中，越是無法明確地意識到這是「自己的事」、「自己的問題」、「和自己有關的事」，使得力量、實力和行動力得不到充分發揮。

由此可知，無論是公司還是商店，等人手逐漸增加後，就算我們對員工說：「大家要一起為公司努力。」他們大概還是會想：「我稍微偷懶一點也沒關係吧。」

所以，你最好要鎖定目標，對每個人個別提出要求，例如「我很期待佐藤先生能○○」、「希望吉田可以實現○○」、「希望業務部門可以達成○○」，這樣會更有效果。

人類的心理

人類在團體中容易混水摸魚。

具體的行動

當團體的規模越來越大後，最好是對員工個別提出要求，而不是對全體員工統一發布訊息。

比起公司本身，
客戶更了解自家公司的優點

人類從生到死，一生都無法完整地觀察到自己最真實的外貌、聲音、表情、姿勢、態度和能量。

我們常以為自己是最了解自己的人，但其實真正了解我們的，應該是我們身邊的人才對，因為他們才能進行客觀的觀察。

這一點放在商場上也一樣。你或許以為顧客是欣賞自家公司的商品，自家店內的服務，但他們之所以會成為粉絲，可能只是意外地喜歡你的人品，或是店內的氣氛而已。

自以為是賣點、特長的地方，有時根本是搞錯方向。

而另一方面，在自己沒注意的地方，往往能發現意外的亮點。

如果你有任何和你的工作表現、自家公司、自家的店有關的地方，獲得客人三次以上的稱讚，但你本身卻從未注意到那些點時，那很有可能就是你客觀上的強項或特徵。

例如，你覺得自家的店強在「味道」，卻聽到不同客人稱讚：「你店裡的員工笑容很燦爛。每次來這裡時大家都很親切，

感覺很舒服。」而且次數超過三次。

　　這就代表你的店以後要主打的不是「味道」，而是「店內的服務態度很好」。

　　只要強調這一點，和其他對手就有了明顯的區隔。自己本身、自家公司或自家店鋪，有時反而是最搞不清楚自己有沒有受歡迎。

　　所以重要的是，我們要試著以客觀的角度詢問客人，請教他們對自家公司本身、產品或服務的看法。「以顧客為出發點」，才能了解自家公司的評價。

　　你可以藉由「本公司哪一點最讓您滿意？」之類的問題，聽到顧客和客戶對自家公司或店鋪最「直白」的心聲。

　　最仔細觀察你和你的商品、公司、店鋪的人，就是你的客人。

人類的心理

　　人類對自己意外地一無所知。

具體的行動

　　可以試著以顧客為出發點，請教他們對自家商品或服務的評價。

從小地方不斷累積，
生意就會越做越順

在某個隆冬的日子，我來到青森縣八戶市演講。

當我搭著八戶站的手扶梯，下到地面樓層時，迎面就看到下手扶梯的地方站著一位女性。女性伸出雙手，就那樣站著。

「她到底要做什麼？為什麼要佇立在寒風中呢……」我不禁感到好奇，靠過去看。她手上端著一個容器，裡面裝了很多仙貝的碎片。

這時她立刻遞出容器，對我說：「方便的話，請吃看看。」我就拿了一片仙貝放進口中。

我問她：「妳都是站在這裡嗎？」

她回答：「對，我的店就在那裡。如果您有空，請來我店裡看看。」

我順著她手指的方向看去，果然有塊小小的仙貝店招牌。那家店正好位於車站和我當天要下榻的飯店中間。

我想到晚上有兩位生意人要從東京來和我會合，送他們仙貝當伴手禮或許不錯，於是就在店裡買了三盒仙貝。

這位女性總是會配合新幹線的到站時間，頂著寒風在八戶站的手扶梯下等待。自從新幹線延伸到新青森站後，在八戶站上下車的乘客就變少了。面對這個變化，她開始思考有什麼自己能做的事。後來她「想出」、「自己」、「現在」、「能做

的事」，再「一樣樣」付諸「實行」。

如果她沒有站在那裡，如果我沒吃她拿來的碎仙貝，我是絕對不會走進那家店的。

我又問她：「試吃碎仙貝的人之中，大約有幾成會去妳的店裡？」她說幾乎所有人都會去店裡瞧瞧。

以前教我做生意的師父，曾這麼對我說：

「做生意就像積沙成塔。從小地方開始累積，生意就會越做越順。」

我認為這就是商業的原則。而那位八戶的女性，就很自然地實踐了這個原則。

人類的心理

人類一旦開始思考自己能做什麼，行動也會自然跟著改變。

具體的行動

可以自己主動尋找課題，再透過行動解決那些問題，慢慢累積成果。

只要覺得攸關自己，就會開始想要

在心理學上有一種叫「引起注意法（Pique Technique）」的手法，是利用能讓人感到疑問和好奇的言詞、問題，引起別人注意的手法。原文的Pique就是「勾起好奇心」的意思。

如果想把某種訊息傳達給對方，在「傳達」前要先勾起好奇心，讓對方產生興趣和關注才行。

在行銷和廣告類的書籍中，有個必定登場的經典理論——AIDMA理論（由美國的廣告專家山姆・羅蘭・霍爾（Samuel Roland Hall）所提出的『消費行為』假說），也正好和引起注意法有部分一致。

所謂的AIDMA理論，是指人類決定消費前的心理過程，包括Attention（引起注意）→Interest（產生興趣）→Desire（激發欲望）→Memory（強化記憶）→Action（實際消費）等五個階段，而其中第一階段就是Attention（引起注意）。首先要引起顧客注意，他們才會產生興趣。

比如你走在大馬路上時，突然有個陌生人向你搭話，想請你幫忙填問卷。

大部分的時候，很少有人會停下來填問卷。

不過，如果你走在路上，突然遇到有人問：「這裡有份關於本鎮是否引進大型商城的問卷，可以請您花一點時間填寫嗎？」

你會怎麼做？

　　在商場上，大家容易把重點擺在「遊說」上。但是，在對別人敘述、說明、遊說前，我們必須先引起對方的關注和興趣。

　　這在書籍的命名或書腰的文案上，是經常用到的手法，不過在日常生活中，也會應用在廣告和傳單上。

　　就拿驅除害蟲的傳單來舉例：

　　「白蟻會在不知不覺中破壞您重要的家。」

　　「白蟻造成的損害，就是這麼嚴重。」

　　除了以上的廣告標語外，還會附上照片。

　　平常沒想過白蟻會造成什麼危害的人，在看到傳單後就會產生警覺。

　　接著，後面又放上這樣的句子：

　　「您的家，真的沒問題嗎！？」

　　「目前提供免費檢查！歡迎來電詢問。」

　　我們必須先讓客人了解這件事攸關自己，認為「必須早點處理」，才能促使他們採取行動。

人類的心理

　　當人類一察覺到某件事和自己有關，就會馬上開始關注。

具體的行動

　　可以試著深入思考，找出顧客有興趣，會關注的事物。

結語
——人生中最強也最棒的東西

心理學家羅伯特·迪爾茨（Robert Dilts）提倡一種名為「邏輯層次（Neuro-Logical Levels）的五階層」的思考方式。

他主張人類的意識分成下圖的五個階層，而對人生影響最大的，是位於最上層的自我認知。

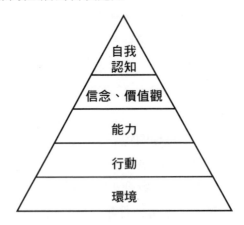

自我認知，就是人類對自身如何看待、認知、甚至誤判。這對我們的價值觀、能力、行動，乃至於環境，都會帶來很大的影響。

依照這個理論，如果一個人產生「那件事我做不到」的認知，就會成為信念，左右他的能力和行動，最後形成相應的環境。

所以，如果你有「我運氣很好」的認知，這也成為信念，左右你的能力和行動，形成相應的環境。

「我是超級明星」

「我是頂尖業務員」

「我開的公司要賺個一兩兆，就和數一兩塊豆腐一樣輕鬆」

就連上面那些強烈的自我認知，最後也一樣能成為信念，左右那個人的能力和行動，形成相對應的環境。

以成功哲學聞名的拿破崙・希爾（Napoleon Hill）博士，也曾這麼說過：

「為你的能力設下限制的不是別人，正是你自己的執念。」

正因為沒來由的執念是最強的，所以我要告訴各位：

「你很幸運。」

「你很優秀。」

而且，「你一定辦得到！」

酒井利夫

■参考文献（無特定順序）

『影響力の武器［第二版］―なぜ、人は動かされるのか』ロバート・
　B・チャルディーニ著、社会行動研究会訳、誠信書房

『相手を思いのままに「心理操作」できる！―常に自分が優位に立つ
　ための「応用力」』デヴィッド・リーバーマン著、齊藤勇訳、三笠書
　房

『広告マーケティング21の原則』クロード.C.ホプキンス著、臼井茂之/
　小片啓輔監修、伊東奈美子訳、翔泳社

『また、売れちゃった！～一瞬で顧客の心をツカむ！売上５倍を達成
　する凄ワザ88』河瀬和幸著、ダイヤモンド社

『夢を“勝手に”かなえる自己洗脳』三宅裕之著、マガジンハウス

『その科学が成功を決める』リチャード・ワイズマン著、木村博江訳、
　文春文庫

『元FBI捜査官が教える「心を支配する」方法』ジャック・シェーハー/
　マーヴィン・カーリンズ著、栗木さつき訳、大和書房

『客家大富豪の教え』甘粕正著、PHP研究所

『説得と影響―交渉のための社会心理学』榊博文著、ブレーン出版

『実務入門 NLPの基本がわかる本』山崎啓支著、日本能率協会マネジ
　メントセンター

『人を動かす』デール・カーネギー著、山口博訳、創元社

『マジシャンだけが知っている最強の心理戦術』スティーブ・コーエン
　著、宮原育子訳、ディスカヴァー・トゥエンティワン

『スタンフォードの自分を変える教室』ケリー・マクゴニガル著、神崎
　朗子訳、大和書房

『人を引きつけ、人を動かすきらりと輝く人になるコミュニケーション
　・テクニック70』レイル・ラウンデス著、小林由香利訳、阪急コミュ
　ニケーションズ

『「影響言語」で人を動かす』シェリー・ローズ・シャーベイ、上地明
　彦監訳、本山晶子訳、実務教育出版

『人の心を一瞬でつかむ方法人を惹きつけて離さない「強さ」と「温
　かさ」の心理学』ジョン・ネフィンジャー/マシュー・コフート著、
　熊谷小百合訳、あさ出版

『心を上手に透視する方法』トルステン・ハーフェナー著、福原美穂子
　訳、サンマーク出版

『予想どおりに不合理行動経済学が明かす「あなたがそれを選ぶわ
　け」』ダン・アリエリー著、熊谷淳子訳、早川書房

『心理戦で必ず勝てる人たらし魔術』内藤誼人著、PHP研究所

酒井利夫（SAKAI TOSIO）

　　First Advantage股份有限公司的負責人

　　專業演講家（每年演講邀約超過一百場），擁有包括Lanchester認
證行銷講師、美國NLP心理學會認證商業專家、美國NLP從業人員、美國
NLP訓練師、GCS（Golden Career Strategies）指導訓練師、溝通心理
學碩士、LAB（Language and Behavior Profile）從業人員等資格。

　　一九六二年四月十日生。血型B型。目前定居於新潟縣。立教大學社
會系畢業。二十八歲時獨立創業，開設廣告製作公司。之後又從事過模特
兒派遣、攝影指導、創意商品行銷、角色商品行銷、露天攤商、電腦家
教派遣、電腦教室等事業，創業經驗豐富。四十歲時事業失敗，沒工作沒
收入，身體也出了問題，需要靜養六個月才能完全康復，只好長期住院。
但後來又再度創業，販賣商業電子書、CD、講座DVD，五年內賣了超過
13,900套，等於只靠自己就一年賺進一億元。目前則以當紅講師的身分活
躍，每年都有來自日本各地的商工會議所、商工會、行政團體和上市企業
的演講邀約，一年可達一百場以上。

著作：《銷量多三倍！48個行銷妙招（暫譯）》《輕鬆寫出暢銷廣告文案
　（暫譯）》《小公司低預算的速成廣告宣傳法（暫譯）》（以上皆由日本
　效率協會管理中心出版）、《從人生谷底大翻身！（暫譯）》（太陽出版
　社）

演講會內容介紹（日文）：
http://www.middleage.jp/kouenkoushi/
生意興隆商業心理學部落格（日文）：
http://sakaitoshio.blog.jp/

國家圖書館出版品預行編目資料

頂尖業務員必備法則：100 個影響顧客潛意識的心理溝通技巧／酒井利夫著；謝如欣譯 . -- 初版 . -- 臺中市：晨星出版有限公司，2022.12

面；　公分 . --（勁草生活；530）

譯自：心理マーケティング 100 の法則

ISBN 978-626-320-273-3（平裝）

1.CST：銷售 2.CST：銷售員 3.CST：職場成功法

496.5　　　　　　　　　　　　　　　111015860

歡迎掃描 QR CODE
填線上回函！

勁草生活 530	# 頂尖業務員必備法則 100 個影響顧客潛意識的心理溝通技巧 心理マーケティング 100 の法則

作者	酒井利夫
譯者	謝如欣
責任編輯	謝永銓
校對	謝永銓
封面設計	周學民
內頁編排	張蘊方

創辦人	陳銘民
發行所	晨星出版有限公司 407 台中市西屯區工業 30 路 1 號 1 樓 TEL：04-23595820　FAX：04-23550581 E-mail：service-taipei@morningstar.com.tw http://star.morningstar.com.tw 行政院新聞局局版台業字第 2500 號
法律顧問	陳思成律師
初版	西元 2022 年 12 月 15 日（初版 1 刷）

讀者服務專線	TEL：02-23672044 ／ 04-23595819#212
讀者傳真專線	FAX：02-23635741 ／ 04-23595493
讀者專用信箱	service@morningstar.com.tw
網路書店	http://www.morningstar.com.tw
郵政劃撥	15060393（知己圖書股份有限公司）
印刷	上好印刷股份有限公司

定價 350 元

ISBN 978-626-320-273-3